Patch work

從基礎學起！

斉藤謠子の不藏私拼布課

13堂拼布基本功＆拼布人一定要學的拼布小物

Contents

猶記得那時候，在電影與美國的室內裝飾主題雜誌中，深深地被那些質樸而溫暖的拼布作品吸引，至今已沉迷二十多年。

　　當時，市面上很難買到以拼布為主題的書籍，雖然想要動手作拼布，但實在不明白應該如何開始，也不知道該怎麼作才好。就在那時候，我發現了一本美國拼布書的譯本。

　　而後，我一邊看著書，一邊學著作出許多作品，漸漸地瞭解，「其實這樣作比較快，也比較美觀！」或是「加入這樣的變化，可以讓作品看起來更棒！」如此發現了許多專屬於自己的小技巧。在本書中刊載了各個作法步驟圖，盡量讓製作過程都更容易理解。因此，從基本的拼布小物到令人嚮往的床罩作品，都希望你能動手挑戰看看。

　　若您能將本書當作拼布的教科書來使用，那將會是我莫大的幸福。

斉藤謠子

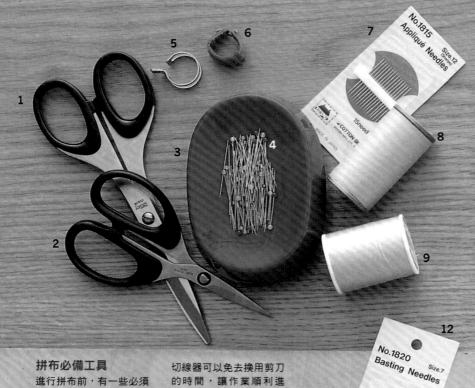

拼布必備工具

進行拼布前,有一些必須準備的工具,但也並不是非準備不可。如果能夠依用途,分別使用合適的工具,工作效率及成品的質感也將有所差異。在此我們將介紹幾種基本的必備工具,只要有了它們,就能讓你的拼布作業更加順利喔!

拼縫布片必備工具

1 裁布剪刀
以刀刃短小、輕薄的種類為佳,具防布逃功能,便於裁剪。

2 剪線剪刀
由於剪刀空剪容易變鈍,因此剪線時,應使用線材專用剪刀。

3 磁鐵式針插
以磁鐵將針固定的針插,不僅可以確保針不易遺失,也能節省插針的時間,讓整體作業更為順暢。

4 珠針
選用頭小、針細的珠針,好用又方便。

5 切線器
套在大姆指上,可直接將線切斷。在縫紉過程中,切線器可以免去換用剪刀的時間,讓作業順利進行。(參閱P.13步驟8)

6 頂針戒指
若能盡快習慣使用頂針,能使手縫更迅速。

7 手縫針
以長度3cm左右的細短針最為適合。

8 手縫線
若Molnlycke60號縫線顏色短少,也可以壓縫線代替使用。

9 手縫線
J.P.Coats手縫專用線。

疏縫必備工具

10 工作木板
表布、棉襯與裡布疊合,鋪在工作板上,可防止布面鬆脫移位,順利進行疏縫。木板約50×50cm大小,厚度則以可插上圖釘的為宜。

11 大頭圖釘
以大頭圖釘將三層材料同時固定在木板上。由於有些布料較厚,因此選用釘針較長的款式為佳。(參閱P.14步驟19至21)

12 疏縫針
選用長度適中,較粗且長的針,最適合用來進行疏縫。

13 湯匙
將布料繃緊,固定在工作板上進行疏縫時,湯匙是最佳幫手。可選用嬰兒奶粉的計量湯匙,由於是塑膠製的,具有可彎的彈性,因此最為適用。(參閱P.15步驟22)。

14 疏縫線
與裁縫用的「shiromo」線材相同,不過這款線材附有捲筒,因此可以任意剪下需要的長度,十分方便。

製圖·紙型製作·標註記號必備工具

15、16 直尺
為了能輕鬆地繪製手縫線及壓線基準線,選用一把帶有平行線和方眼線的直尺吧!準備好30cm、50cm(或45cm)兩種長度,工作起來更方便。

18 砂板
選用約24×30cm大小,單面貼有砂紙的砂板較佳。在布面上標註記號時,砂板可以防止布料移位,讓記號的位置準確無誤。(參閱P.12步驟4、P.14步驟18)

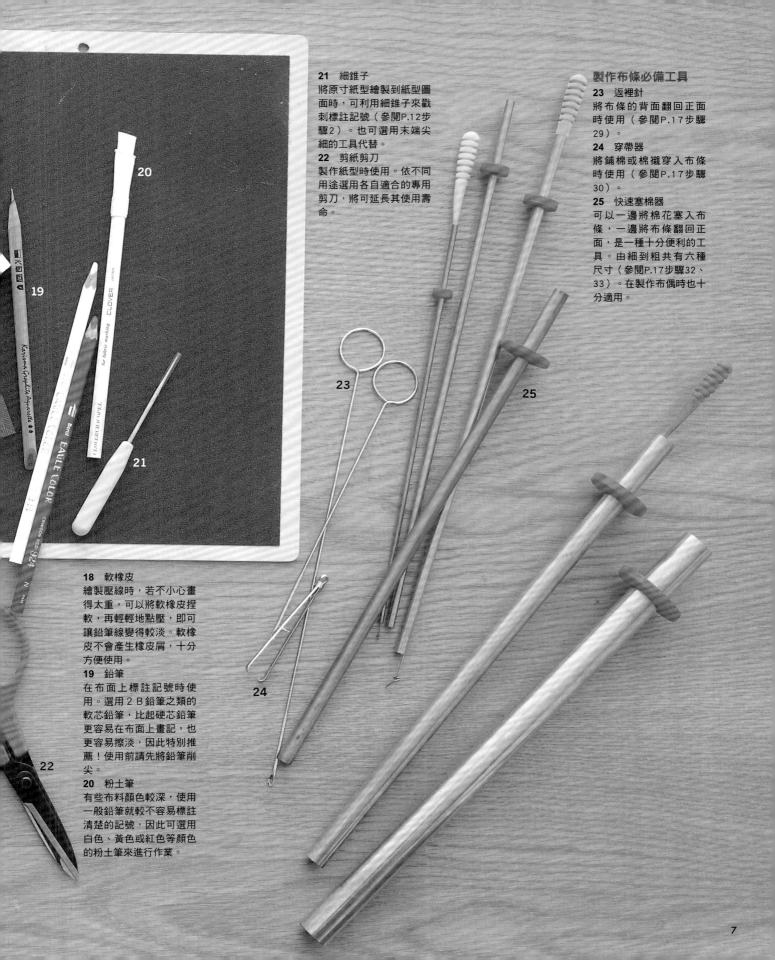

21　細錐子
將原寸紙型繪製到紙型圖面時，可利用細錐子來戳刺標註記號（參閱P.12步驟2）。也可選用末端尖細的工具代替。

22　剪紙剪刀
製作紙型時使用。依不同用途選用各自適合的專用剪刀，將可延長其使用壽命。

製作布條必備工具

23　返裡針
將布條的背面翻回正面時使用（參閱P.17步驟29）。

24　穿帶器
將鋪棉或棉襯穿入布條時使用（參閱P.17步驟30）。

25　快速塞棉器
可以一邊將棉花塞入布條，一邊將布條翻回正面，是一種十分便利的工具。由細到粗共有六種尺寸（參閱P.17步驟32、33）。在製作布偶時也十分適用。

18　軟橡皮
繪製壓線時，若不小心畫得太重，可以將軟橡皮捏軟，再輕輕地點壓，即可讓鉛筆線變得較淡。軟橡皮不會產生橡皮屑，十分方便使用。

19　鉛筆
在布面上標註記號時使用。選用2B鉛筆之類的軟芯鉛筆，比起硬芯鉛筆更容易在布面上畫記，也更容易擦淡，因此特別推薦！使用前請先將鉛筆削尖。

20　粉土筆
有些布料顏色較深，使用一般鉛筆就較不容易標註清楚的記號，因此可選用白色、黃色或紅色等顏色的粉土筆來進行作業。

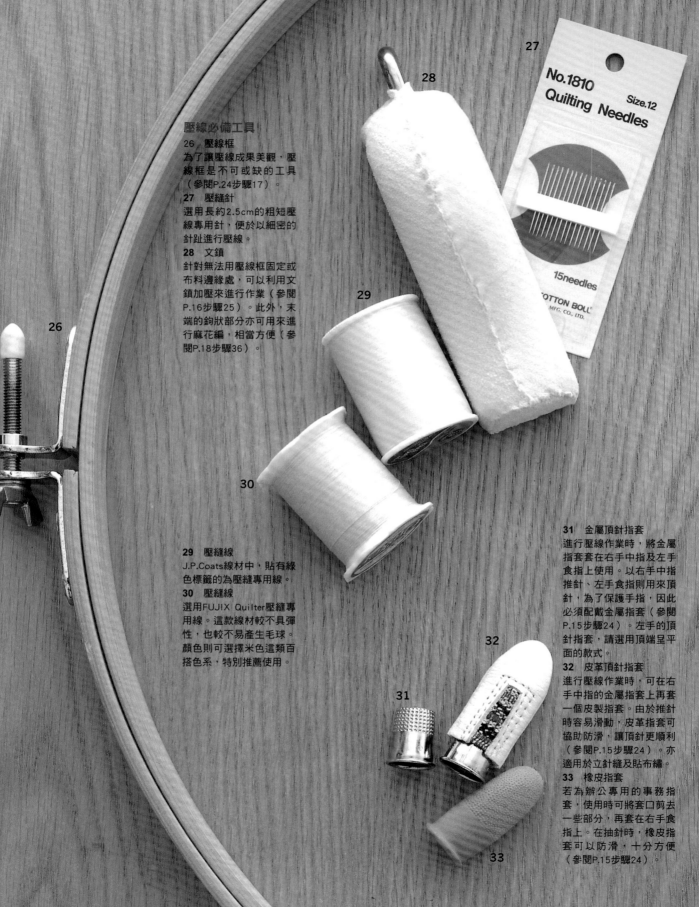

壓線必備工具

26 壓線框
為了讓壓線成果美觀，壓線框是不可或缺的工具（參閱P.24步驟17）。

27 壓縫針
選用長約2.5cm的粗短壓線專用針，便於以細密的針趾進行壓線。

28 文鎮
針對無法用壓線框固定或布料邊緣處，可以利用文鎮加壓來進行作業（參閱P.16步驟25）。此外，末端的鉤狀部分亦可用來進行麻花編，相當方便（參閱P.18步驟36）。

29 壓縫線
J.P.Coats線材中，貼有綠色標籤的為壓縫專用線。

30 壓縫線
選用FUJIX Quilter壓縫專用線。這款線材較不具彈性，也較不易產生毛球。顏色則可選擇米色這類百搭色系，特別推薦使用。

31 金屬頂針指套
進行壓線作業時，將金屬指套套在右手中指及左手食指上使用。以右手中指推針、左手食指則用來頂針，為了保護手指，因此必須配戴金屬指套（參閱P.15步驟24）。左手的頂針指套，請選用頂端呈平面的款式。

32 皮革頂針指套
進行壓線作業時，可在右手中指的金屬指套上再套一個皮製指套。由於推針時容易滑動，皮革指套可協助防滑，讓頂針更順利（參閱P.15步驟24）。亦適用於立針縫及貼布繡。

33 橡皮指套
若為辦公專用的事務指套，使用時可將套口剪去一些部分，再套在右手食指上。在抽針時，橡皮指套可以防滑，十分方便（參閱P.15步驟24）。

No.1810
Quilting Needles
Size.12

15needles

COTTON BOLL
MFG. CO., LTD.

26 27 28 29 30 31 32 33

其他便利工具

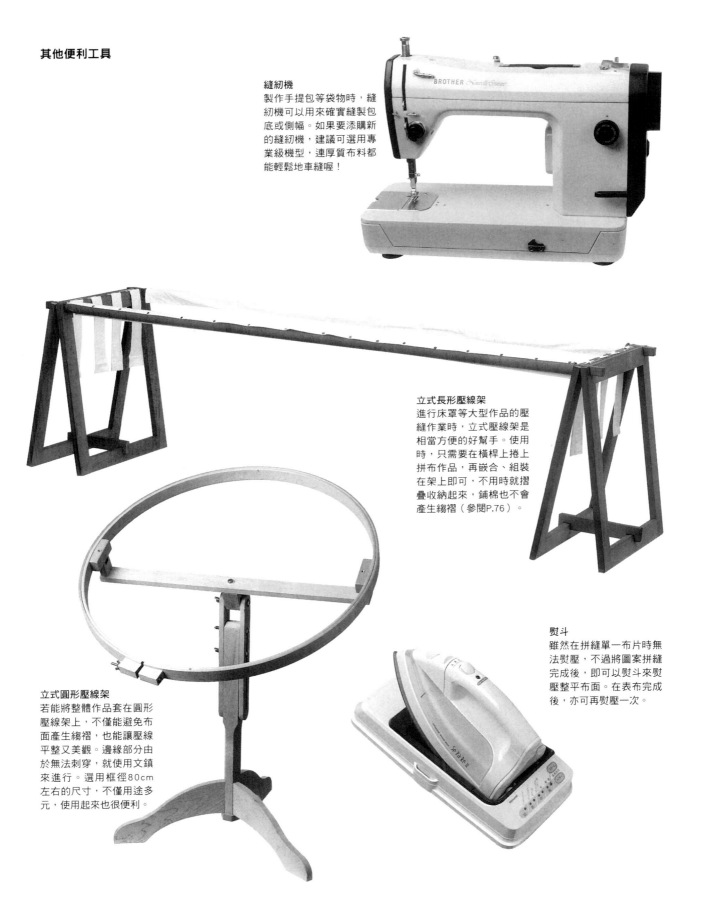

縫紉機
製作手提包等袋物時，縫紉機可以用來確實縫製包底或側幅。如果要添購新的縫紉機，建議可選用專業級機型，連厚質布料都能輕鬆地車縫喔！

立式長形壓線架
進行床罩等大型作品的壓縫作業時，立式壓線架是相當方便的好幫手。使用時，只需要在橫桿上捲上拼布作品，再嵌合、組裝在架上即可，不用時就摺疊收納起來，鋪棉也不會產生綯褶（參閱P.76）。

熨斗
雖然在拼縫單一布片時無法熨壓，不過將圖案拼縫完成後，即可以熨斗來熨壓整平布面。在表布完成後，亦可再熨壓一次。

立式圓形壓線架
若能將整體作品套在圓形壓線架上，不僅能避免布面產生綯褶，也能讓壓線平整又美觀。邊緣部分由於無法刺穿，就使用文鎮來進行。選用框徑80cm左右的尺寸，不僅用途多元，使用起來也很便利。

Lesson 1

這款作品運用最基礎的拼布技法，學習端到端的縫法。雖然僅使用了正方形、長方形這兩種形狀，但整體也因配色的深淺而產生十字形圖案。建議不要選用樣式過於單調的布料，不妨嘗試顏色及圖樣更豐富的花色！

十字紋鍋墊　pan holder

MATERIALS

表布　印花布、格紋布、條紋布各適量
裡布　格紋布25×25cm
棉襯　25×25cm
掛環用棉襯　3×7cm
斜紋布條（滾邊用）　3.5×73cm
斜紋布條（掛環用）　2.5×6cm

原寸紙型

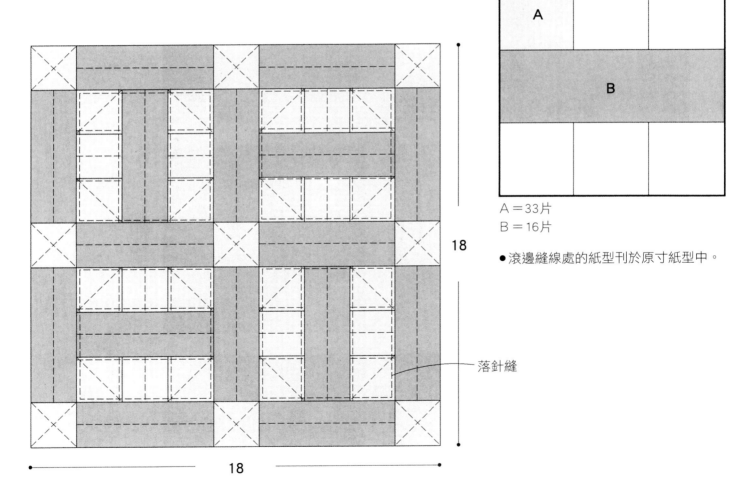

18

18

落針縫

A＝33片
B＝16片

● 滾邊縫線處的紙型刊於原寸紙型中。

CHECKPOINTS

準備A布片33片，B布片16片，在各布片的接縫處進行落針縫。若要將掛環作成麻花編，就準備寬1cm、長10cm的布條3條。

1

製作鍋墊的所需材料。最上層為棉襯，第二層為裡布，第三層左側為滾邊布。其餘則為拼縫用的29種表布。即使是小小布片，若能組合不同的花樣種類，將能充分展現作品的深度。

4

將布料的背面朝上，置於砂板上，再重疊紙型，以2B鉛筆沿紙型邊緣描繪。如此利用砂板來進行作業，不僅能確保布料不滑動，標註記號時也能更加順利。由於布邊相連，需裁剪約0.5cm後使用。

5

作完記號的樣子。格紋布料並非僅有直向及橫向圖案，若能作為斜紋布條使用，將能創造更多的變化。裁剪斜紋布時，不要以布紋為基準，而是優先考量布料花樣來進行裁剪喔！

2

利用原寸紙型描繪出所需的紙型。若沒有厚紙板，可利用明信片等材料充當厚紙片，鋪在圖案下方，再以細錐子戳刺必要的接合點，在厚紙片上作記號。

6

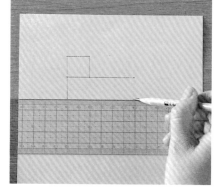

預留0.7cm的縫份裁剪。左圖即為一組基本圖案的必要布片，請製作四組。裁剪完成後，將布片正面朝上擺放，依完成圖的配置來排列，檢視整體花樣的平衡。

3

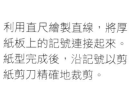

利用直尺繪製直線，將厚紙板上的記號連接起來。紙型完成後，沿記號以剪紙剪刀精確地裁剪。

7

布片正面相對疊合，以珠針插入兩端記號的邊角處後固定，珠針與縫線必須呈垂直狀態。將線打結，距記號處外0.5cm進行手縫，先進行一針回針縫後再繼續。針趾盡量維持細密、平整。

8

止縫處也和始縫處的作法相同，在距離記號0.5cm處止縫，進行一針回針縫後打結固定。使用套在大姆指上的切線器將線切斷，可免去換用剪刀的時間，讓作業更順利進行，相當方便。

9

將不一致的縫份修剪整齊後，縫份倒向深色布料，距縫線0.1cm處以手指壓摺縫份，作出摺線。若沒有壓出這條摺線，就無法熨壓出漂亮的針目。

10

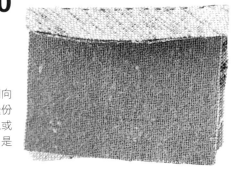

如圖壓出摺線，縫份倒向一側。雖然沒有規定縫份的倒向，但若倒向深色或想讓花樣醒目的一側，是較好的作法。

11

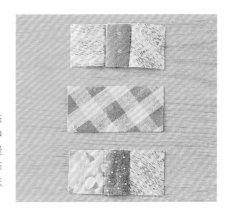

完成縫合上、下兩組布片。如圖所示，接著與中央布片縫合起來。在拼縫布片時，請掌握「從小布片開始拼縫」的原則，依序逐一拼縫起來。

12

完成一組基本的拼布圖案。若要接合斜紋布條，輕壓摺線時要盡量避免拉扯布料，以免扭曲變形。

13

背面圖。中央縫份倒向斜紋布條。

14

拼縫完成四組拼布圖案後，再與四周的邊框布條和分隔布條接縫。接縫拼布圖案時，必須確實對齊每一組布片縫份的邊角，以珠針固定，並於交接點進行一針回針縫後再縫製。進行回針縫之前，請將線尾確實打結。

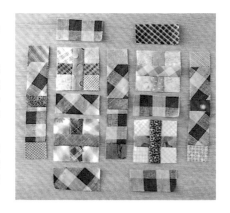

15

全部拼縫完成，如圖。

16

背面圖。將不一致的縫份修剪整齊後翻回正面，以熨斗整燙。

17

不同布料的排列方式，能夠改變作品所呈現的感覺。左側拼布是將全部布片以直紋方向擺放，但以同樣布料改以斜紋拼縫，就能創造完全不同的印象，如右圖。

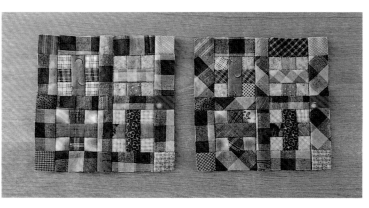

18

在表布畫上壓縫線記號。將布料置於砂板上，以２B鉛筆及直尺勾勒出記號線。若布面顏色較深，就以白色粉土筆描繪。

19

準備壓線。準備一塊圖釘能夠戳刺的厚紙板，瓦楞紙亦可。裁剪一塊比表布各邊長6cm的正方形裡布，背面朝上，以剛好拉緊而不鬆弛的程度鋪開，以圖釘固定布邊。

20

棉襯正面朝上，重疊於裡布上，以同樣方式拉平縐褶，再以大頭圖釘固定。棉襯是以鬆軟的一側為正面。

21

最後鋪上拼縫好的表布，以圖釘確實固定布邊。完成後再卸除裡布和棉襯的圖釘。

22

接著進行疏縫。將1股疏縫線穿入疏縫針，打結固定。從中心開始，以放射狀向外進行疏縫，以上下、左右對稱的1.5cm針趾來進行。抽針時，先將湯匙底部壓住布面，沿湯匙邊緣抽針，可以讓作業輕鬆進行。可選用嬰兒奶粉量匙，由於材質柔軟有韌性，便於進行疏縫抽針，十分推薦喔！

23

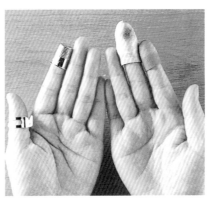

疏縫方向通常是從中心點開始，往自己的方向進行，逐漸將整體作品環繞起來。止縫時，可以打結固定，或先進行一針回針縫，留下一段較長的線材再剪斷。最後再於表布四周疏縫一圈。

24

左圖為壓線時必備的頂針工具。右手食指為辦公專用的橡皮指套，中指則是先套一個金屬頂針，再套上一個皮革頂針。左手大姆指為切線器，食指則是金屬頂針。

25

無法使用壓線框固定的小型作品,可以利用文鎮固定,讓布面緊繃平整,再進行壓線。將作品擺放在桌邊穿針,使壓線進行得更為順利。壓線作法參閱P.24的步驟19。

26

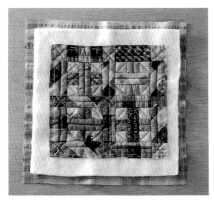

完成壓線作業的樣子。留下邊緣的疏縫線,其餘全部拆除。重疊原寸紙型,將滾邊處的車縫線畫在表布正面。

27

壓線時請留心,盡量讓針趾整齊一致。即使針趾距離較寬,但只要整齊一致就會很漂亮。習慣壓線後,請努力讓針趾更細緻美觀吧!每1cm的長度若能作出3個針趾,就是非常漂亮的壓線作品囉!

28

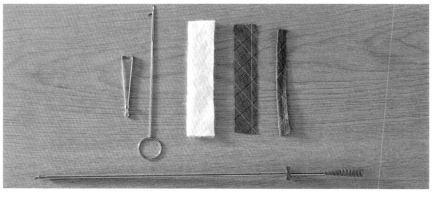

在鍋墊的一角製作小掛環。如果沒有圖中下方的快速塞棉器,可以使用左方的返裡針及穿帶器。準備一塊3×7cm的掛環用棉襯,再裁剪一塊2.5×6cm的斜紋布條,距布條邊緣0.5cm處作記號,正面相對對摺後車縫。

29

使用返裡針和穿帶器
返裡針穿入縫合完成的斜紋布條，勾住末端後拉針，翻回正面。

33

稍微輕拉勾針，將布面往內部抽送，再將搓揉成圓柱狀的棉襯塞入，拉出勾針。

30

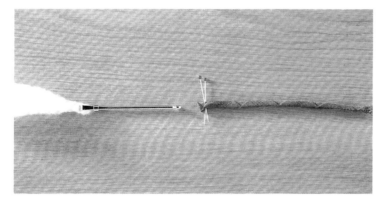

以珠針固定布條開口。將棉襯搓揉成圓柱狀，夾在穿帶器上。

31

將穿帶器穿過布條，如圖以手指抵住珠針，一邊拉出穿帶器，一邊將棉襯穿入布條當中。

34

棉襯塞入布條完成。

32

使用快速塞棉器
將快速塞棉器穿入縫合完成的布條，勾針末端勾住布面。

35

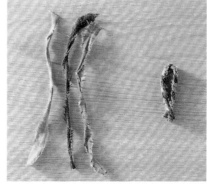

這是利用撕布條作成的麻花編布條。布條為1cm寬，務必以縱向布紋來撕開布條。

36

縫合固定布條末端後，以文鎮等重物固定住，一邊拉緊布條，一邊進行麻花編。

38

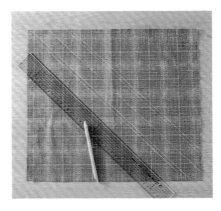

在不移動直尺的情況下展開布面，利用直尺畫線。畫出寬3.5cm的記號線，距記號線0.7cm處畫出縫線記號，逐一沿線裁剪。

39

若斜紋布條長度不足，可接合使用。如圖下方，布邊正面相對疊合，從點到點進行回針縫固定。若重疊處沒有縫合，展開後就容易綻線脫落，請特別注意。上方為布條展開的示意圖，如圖所示。熨開縫份。

40

縫上滾邊布條。將滾邊布條置於距離角落數公分的位置，對齊斜紋布條的縫線及完成線，以珠針固定。斜紋布條布邊向內摺0.7cm，以全回針縫固定。

37

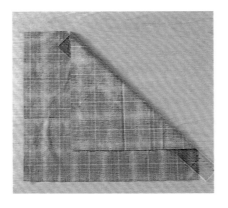

裁剪滾邊用的斜紋布條。以45度角摺疊布料，沿對摺線放入直尺。

41

掛環置於背面的一角，在縫製斜紋布條時，連同掛環一併縫合固定。

42

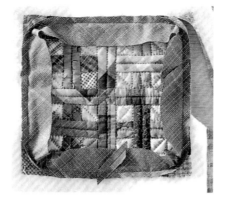

縫製到最後，將斜紋布條
兩端相互疊合1cm。修剪
斜紋布條的布邊，預留
0.7cm的縫份後裁剪。

43

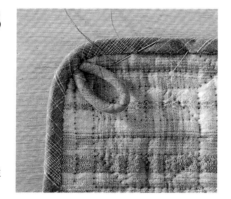

摺疊滾邊，包裹縫份，從
背面以藏針縫縫合。

45

背面圖。翻起掛環，以藏
針縫固定掛環末端。

46

此圖則為麻花編掛環的鍋
墊。依據作品風格或個人
喜好選擇合適的掛環吧！

44

完成鍋墊。

Lesson2

這款檸檬星娃娃小被，不僅有利用記號來拼縫布片，也直接嵌入布片縫合固定。無論是將星星作兩種顏色的搭配，或是將全部8片星星作出截然不同的拼縫變化，都非常有趣喔！製作時，可以直接拼縫各組圖案，也可以在拼布之間加入邊框布條，看起來也十分整齊美觀呢！

檸檬星娃娃小被 doll quilt

TECHNIQUE ITEMS

1 拼縫檸檬星圖案的作法　**2** 縫合邊框布條的作法　**3** 處理邊框布條的邊角　**4** 壓線框使用作法　**5** 壓線作法　**6** 邊角滾邊

MATERIALS

表布
- 印花布、格紋布、條紋布各適量
- 格紋布（邊框布條用）　7×55cm4種

裡布　格紋布60×60cm

棉襯　60×60cm

斜紋布條（滾邊用）　3.5×220cm

落針縫位置

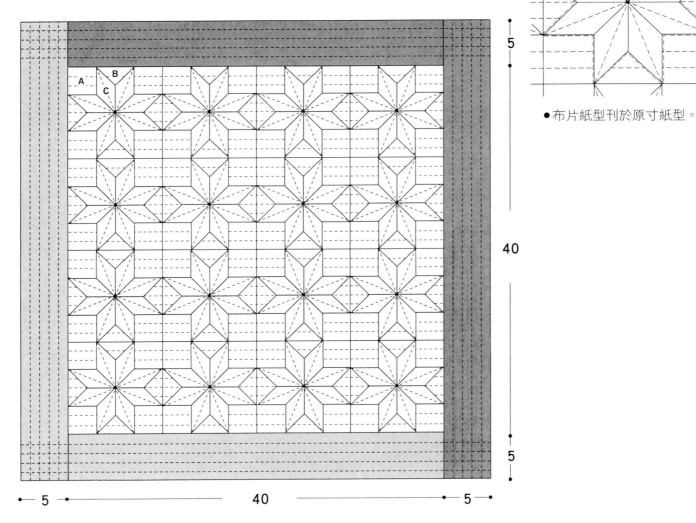

●布片紙型刊於原寸紙型。

CHECKPOINTS

準備A布片64片、B布片64片、C布片128片，在檸檬星圖案的布片及邊框布條的接合處上進行落針縫。基本圖案請參見原寸紙型。

1

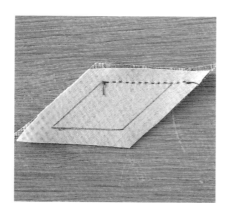

拼縫布片。在此是利用記號縫製固定，這個方式也適用於所有需要嵌合布片的作品。距記號處外0.5cm，先作一針回針縫，再進行縫製，直到轉角處的記號，再作一針回針縫，打結固定。

2

製作檸檬星時，是以步驟1的作法將兩片布片接合成一組，如此製作四組之後，再如圖對齊兩組的縱向布邊後拼縫。縫至邊緣末端的部分，為檸檬星的中心點。縫份倒向深色布片，距縫線0.1cm作出摺線。

3

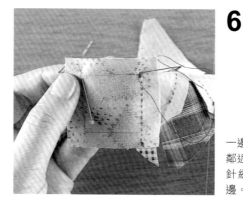

完成兩組4片布片的組合，如圖上下擺放，正面相對疊合，從記號處到記號處縫合。

4

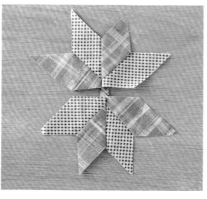

準備四角形及三角形的布片，嵌入檸檬星圖案。

5

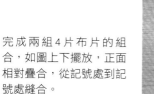

先嵌入四角形布片。和步驟1的作法相同，從布邊縫至記號處，進行一針回針縫，不將線剪斷繼續進行縫製。

6

一邊避開縫份，一邊縫製鄰近的布邊，進行一針回針縫後，繼續縫製到布邊。

7

嵌入四角形布片後的樣子。嵌入三角形布片的作法相同。

8

完成一個基本圖案。四周布片的縫份壓摺出0.1cm的摺線，倒向檸檬星圖案。

9

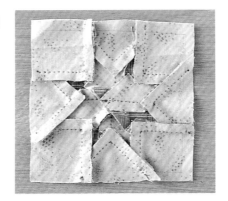

背面圖。

10

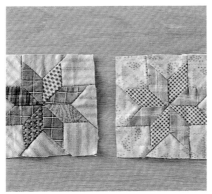

縫份倒向的不同，可以作出感覺迥異的檸檬星圖案。右側為倒向深色布片，突顯了格紋布，使其呈現立體感。若想突顯其中一種的圖樣，可使用此作法。左側的縫份皆倒向相同方向。若整體布料沒有特別想要強調的花樣，可使用此作法。

11

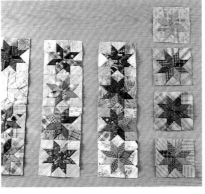

製作十六組基本拼布圖案，如圖將四組圖案上下接合成長條。縫份盡量不要全部倒向相同方向，而是每行交錯。

12

4行拼布圖案接合完成，中央的拼布塊就完成了。

13

背面圖。4行圖案的縫份倒向相同方向也無妨。

14

縫上邊框布條。先接合上下側的短布條，縫份倒向邊框布條，再接縫左右的長邊布條。

15

邊條布拼縫完成，在此是選用四種不同的布料製作而成。選擇格紋或條紋布料，以斜紋布條方式裁切拼縫，也能創造不同的視覺效果，請盡可能作出不同的變化吧！

16

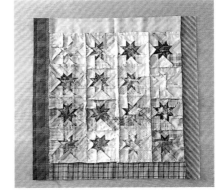

背面圖。左右兩側的縫份也倒向邊框布條。完成後，在表布畫上壓縫線（參閱P.14步驟18），再進行疏縫（參閱P.14、P.15步驟19至23）。

a

中央拼布塊的四個邊角留下斜角部分不縫，其餘縫至完成線記號。轉角處皆進行一針回針縫。

b

接縫邊框布條的斜角，從記號處縫至布邊。

c

邊框布條的斜角縫合完成。

17

利用壓線框製作。先將螺絲放鬆，框住布面後，以手掌稍微壓一壓框架邊緣，使其保持一些鬆度，再將螺絲旋緊固定。

18

進行壓線。將壓線框夾在桌子和身體中間，固定好後進行壓線。壓線時，要從中心點開始往外側進行。

19

支撐整體布面的左手食指，以頂針指套斜斜地將布面往上頂，再將壓線針垂直穿入，指套頂住針尖。接著傾斜針尖，勾縫三、四針後，再將針抽出。習慣後，可試著將針趾增加為五至六針。起針時先打結，距入針2cm左右處，將針穿出，再將線結拉進棉襯中藏起來。（指套相關工具請參閱P.15步驟24）

20

壓線完成。

21

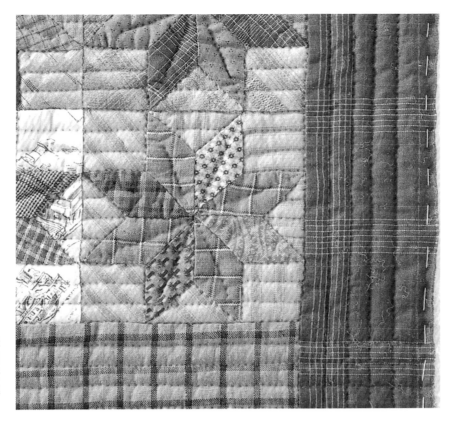

除了檸檬星圖案的邊緣外，各布片與邊框布條間的接縫處皆需進行落針縫。其餘則間隔1cm後進行壓縫。

22

四周滾邊處理。先裁剪寬3.5cm的斜紋布條（參閱P.18的步驟37至39），從轉角處離自己較近的地方開始，以回針縫縫製滾邊布（針要穿到裡布），在完成線的轉角處暫時止縫固定。始縫處的斜紋布條邊緣向內摺疊0.7cm。

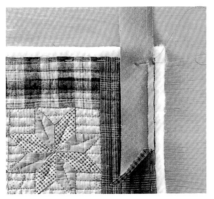

24

從已縫製固定的轉角處入針，再從另一側出針。

23

轉角處摺疊斜紋布條，對摺線部分要與布邊對齊一致，以珠針固定。

25

從出針處開始，再進行一針回針縫後繼續縫製。

26

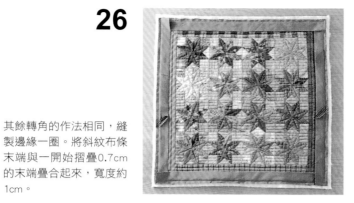

其餘轉角的作法相同，縫製邊緣一圈。將斜紋布條末端與一開始摺疊0.7cm的末端疊合起來，寬度約1cm。

28

將外側的轉角處摺成三角形，背面的轉角亦摺成三角形，插入珠針。摺好的布邊以細密的藏針縫固定。

27

翻回背面，將斜紋布條內摺兩次，包裹縫線，以珠針固定。

29

檸檬星娃娃小被製作完成。背面圖。

30

正面圖。

拋開既有觀念，自行決定
布條的寬度，圖案大小也
任你隨心所欲！邊框布條
也一樣裁剪成喜歡的尺
寸，配置在作品邊緣。如
此一來，充滿動感與喜悅
的小木屋圖案就誕生囉！

瘋狂拼布掛毯 tapestry

TECHNIQUE ITEMS   1 各種小木屋圖案的縫法

MATERIALS

表布　印花布、格紋布、條紋布各適量
裡布　格紋布120×150cm
棉襯　120×150cm
斜紋布條（滾邊用）　3.5×500cm

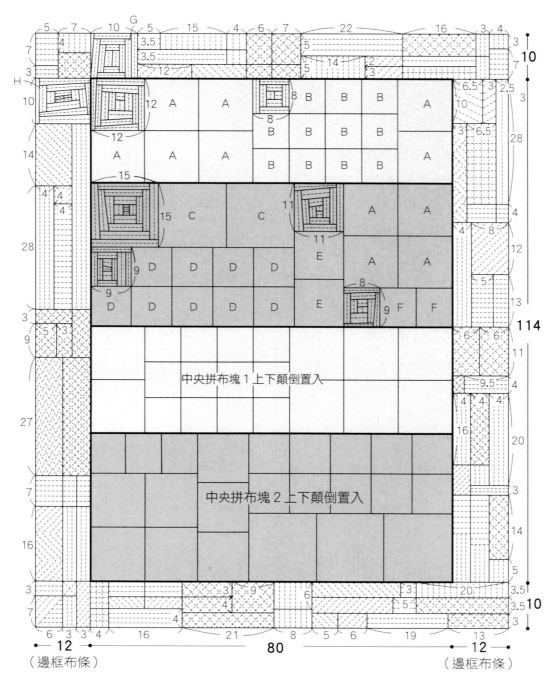

各種小木屋圖案的縫法

1

棉襯重疊在裡布上,四周疏縫固定,作成土台布,再以簽字筆畫出兩條淡淡的對角線。置於中央的正方形布片,也先以指甲壓出對角線的摺痕,對齊棉襯及布片的記號後以珠針固定。

2

第二片布片正面相對疊合,從端到端以細密的針趾縫至土台布上。

3

翻開縫製完成的布片,再疊上第三片,以相同作法固定至土台布上。

4

三片布片縫製完成的樣子。以相同的作法逐一將布片往外拼縫。第一層完成之後,在正面畫出完成線。接著,持續拼縫第二層、第三層。

5

完成第三層的樣子。以相同作法持續拼縫,並時時注意表布的四角是否有確實對準土台布對角線。

6

完成第三層的樣子。以相同作法持續拼縫,並時時注意表布的四角是否有確實對準土台布對角線。

縫上最外層的布片。布片的四角不縫至土台布上,僅與布片拼縫。

7

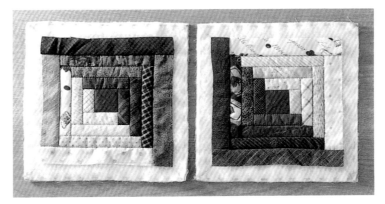

以步驟 1 至 6 的作法,將所需的小布片拼縫成拼布圖案。這就是將深、淺色布片以斜角對齊方式接縫,充分強調「明暗」視覺效果的拼縫作品。

8

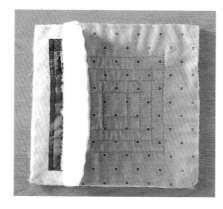

拼縫所有拼布圖案。拼布圖案正面相對疊合，避開土台布，僅將表布的布片全體拼縫起來。完成後縫份倒向一側。僅將土台布上的疏縫線拆下。

9

展開兩片拼布圖案，利用鑷子從背面撕除縫合處多餘的棉襯。之所以不用剪刀修剪，是為了留下棉襯的纖維，拼縫後讓整體作品外觀更為自然。

10

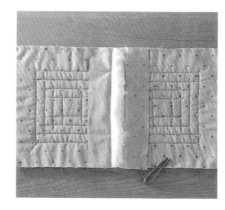

棉襯縫份整理完成。

11

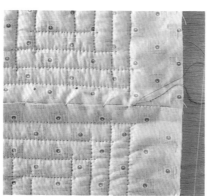

將裡布蓋在棉襯上，以細密的立針縫僅將裡布縫合起來。

12

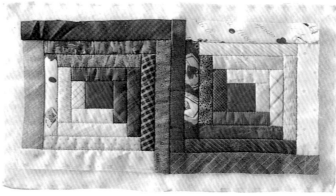

縫合完成拼布圖案。

13

正面圖。依序接縫其他拼布圖案。

1

與「在土台布拼縫」的作法相同，從中心開始逐一縫合布片，再翻回正面，疊合下一片布片後拼縫。

2

背面圖。縫份皆倒向外側。

3

中心布片的上、下側分別拼縫短布片，左、右側是長布片，以此順序重覆進行。此為「法院階梯圖案」的拼縫技法。

4

背面圖。縫份皆倒向外側。

5

將中心部分拼縫成九宮格圖案，上、下側分別拼縫了短布片，左、右側則接縫了四角形布片，這便是「煙囪及四柱」的拼縫技法。

6

背面圖。縫份皆倒向外側。

5

在完成的拼布圖案背面，疊上紙型，描繪完成線。邊緣部分將成為縫份，若有寬0.7cm以上就夠了。

3 瘋狂拼布技巧拼縫小木屋圖案

1

從短到長，從寬到窄，如圖準備許多適當寬度及長度的布條。

2

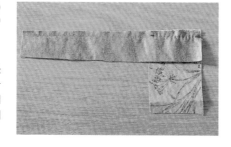

首先，決定好要作為中央的布片，在中央布片的一邊拼縫第一片布片。翻開縫合完成的布片，縫份倒向一側。

6

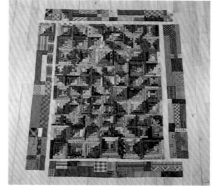

如此持續拼縫，直到最後拼縫尺寸與紙型的大小相同為止，這就是瘋狂拼布技法最有趣之處。

3

兩片布片拼縫之後，剪成喜歡的大小。以相同作法拼縫第二片布片，修剪成與第一、第二片布片相同的尺寸。

7

這款掛毯是以各種不同尺寸的小木屋圖案拼縫而成。邊框布條則是利用剩餘的布條裁剪後拼接而成的。

4

反覆拼縫所有布條，製作成比紙型稍大一些的拼布圖案。

8

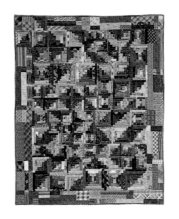

製作完成！更詳細的作法請參閱P.28、P.33和P.34。

拼縫布片的順序

①接縫拼布塊１。

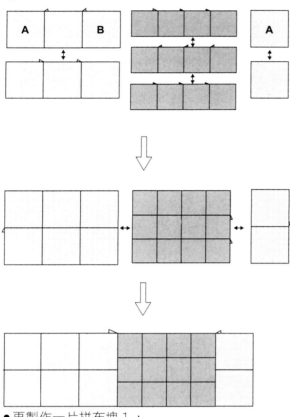

● 再製作一片拼布塊１，
 第三列則上下倒置接縫。

小木屋圖案的布片數量
A＝24片
B＝24片
C＝6片
D＝20片
E＝6片
F＝6片
G＝1片
H＝1片

②接縫拼布塊２。

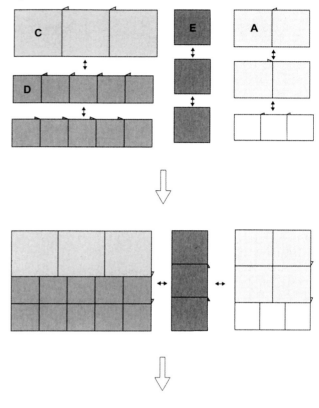

● 再製作1片拼布塊２，
 第4列則上下倒置接縫。

CHECKPOINTS
A 至 H 的瘋狂拼布小木屋圖案，需準備88片（含邊框布條的兩片小木屋圖案），縫合各拼布圖案。兩種圖案的拼布塊皆需各製
作兩片；在拼接時，第一、二列依序縫合，第三、四列則要上下倒置後接縫。所有布片的接縫處皆進行落針縫。

③接縫拼布塊1和2。
　接縫邊框布條。

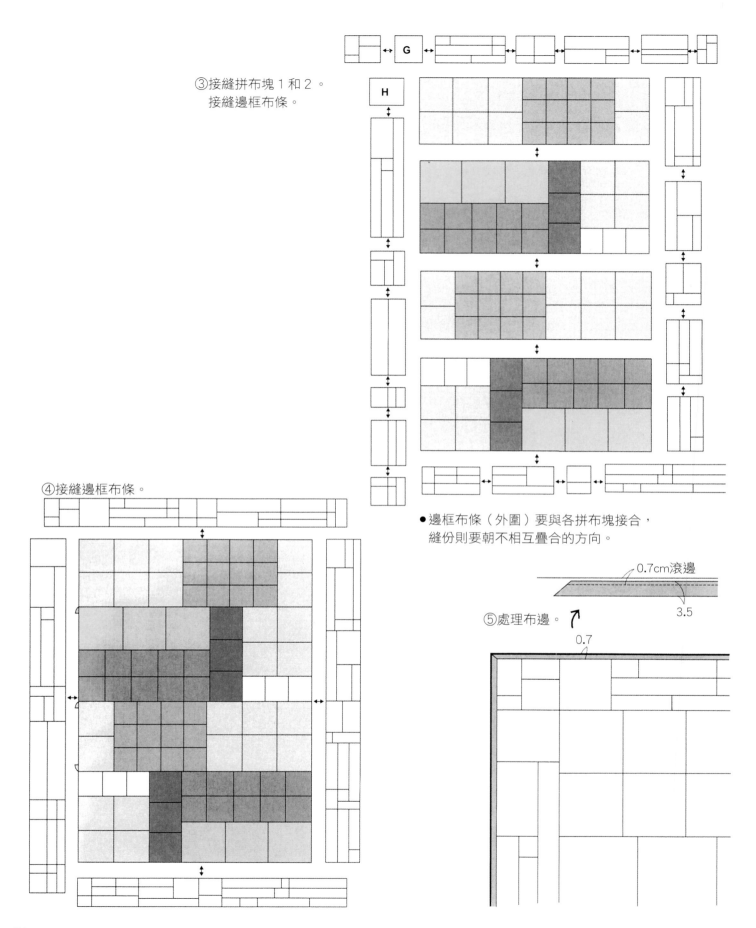

④接縫邊框布條。

● 邊框布條（外圍）要與各拼布塊接合，
　縫份則要朝不相互疊合的方向。

0.7cm滾邊

3.5

⑤處理布邊。

0.7

橘皮圖案有許多別名，
如「Robbing Peter to
pay Paul（拆東牆補西
牆）」、「Love Ring（婚
戒）」、「Sugar Bowl
（甜心碗）」等。看起來
雖然簡單，但其中圓弧狀
的縫製卻意外地困難。不
同的裁剪方向，能為作品
創造不同的表情及動感，
因此請選用各種格紋及條
紋布來製作吧！

橘皮抱枕 cushion

TECHNIQUE ITEMS   1 拼縫布片（圓弧布片的縫法）   2 安裝拉鍊

MATERIALS

表布
┌ 前片　印花布、格紋布、條紋布等74種布片各適量
└ 後片　格紋布50×55cm
襯布、棉襯　各50×50cm
拉鍊　41cm 1條
枕芯　45×45cm 1個

原寸紙型

A　36片

B　144片

B

B　　　A　　　B

B

7.5

7.5

圓角正方形

CHECKPOINTS

拼縫前片時，僅會接縫在A布片的兩處。這是為了讓作品充滿更多變化，請接縫在自己喜歡的地方吧！後片的安裝拉鍊位置預留2.5cm的縫份。後片為兩片45cm的正方形作成，與前片對齊後縫合，縫份裁成0.7cm。抱枕的四角則利用「圓角正方形」的原寸紙型來製作。

1

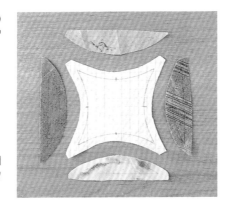

在圓弧處的中心作上合印記號。

2

在布面上標註記號時，別忘了合印記號，並預留0.7cm的縫份。

3

縫製圓弧布片時，先對齊中心點，以珠針固定。接著對齊右側的記號，在這兩個記號間插上細密的珠針。

4

雖然是從右側開始縫製，縫到中心點時，須停針進行一針回針縫。剩餘的左半邊，則要一邊對齊布邊的合印記號，一邊插上珠針，再縫合完成。

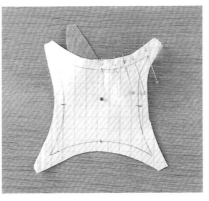

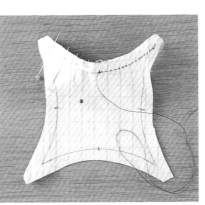

5

縫製完成圖。縫製圓弧處時，要看著凹處一邊進行。

6

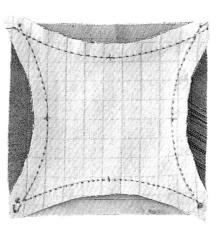

基本拼布圖案完成。

7

背面圖。距縫線0.1cm外摺疊縫份，倒向外側。

8

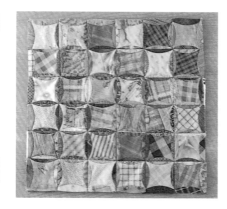

將6片基本拼布圖案橫向
拼縫，共製作6條。每列
縫份則交錯倒向。

9

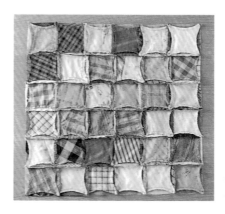

背面圖。接縫6列，縫份
皆倒向不同方向。

10

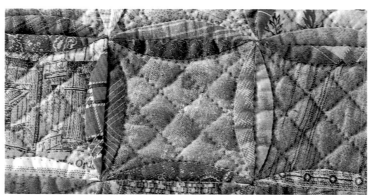

在表布畫上壓縫線（參考
P.14、P.15步驟18至24、
P.24步驟17至19）。

11

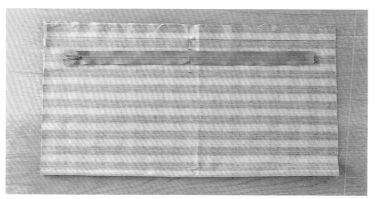

製作安裝拉鍊的後片。後
片用布正面相對對摺，對
摺線朝下，在距上方
2.5cm處畫線。接著，分
別在拉鍊及記號線的中心
點插上珠針。對齊中心點
後暫時放置，在記號線上
距拉鍊開口處外側0.5cm
處標註記號。

12

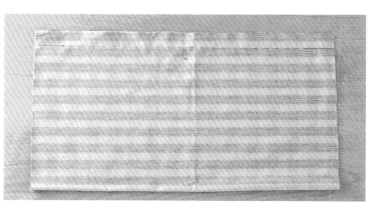

在兩端標註記號的外側進
行回針縫。其餘部分則進
行間隔1cm的疏縫，起針
及收針都不打結，而是進
行一針回針縫後將線剪
斷。

13

回針縫和疏縫完成的樣子。

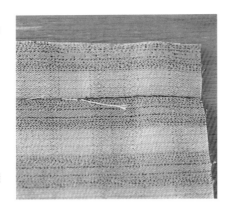

14

離自己較近的縫份，沿縫線摺向自己，另一片的縫份則往反方向多摺出0.3cm。此時拉鍊頭在左側，對齊中心的珠針後，將拉鍊置於後片下方，距布邊0.3cm處，以星止縫固定。

15

星止縫在0.5cm處出針，再往回0.1cm入針，接著再往前0.5cm出針。是一種在表布呈現細密美觀的回針縫。

16

沿後片的對摺線裁剪，翻成正面。

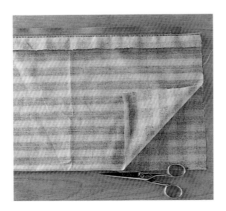

17

在右側的拉鍊開口止縫處（回針縫的止縫處）上，以拉鍊固定法加以固定。先將縫線打結，距離縫線0.1cm處出針，再於另一側距離縫線0.1cm處入針，接著回到最初出針的位置。

18

在針尖端纏捲10次，再以手指確實壓住捲好的線，一邊將針抽出。

19

抽出的針回到出針的位置，於另一側距0.5cm處出針，接著進行星止縫。

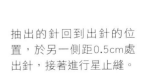

20

星止縫是將距離針趾1.2cm的內側勾縫到拉鍊下方，縫到左側拉鍊的開口止縫處後，利用與先前相同的門栓固定法來固定，最後再拆除所有的疏縫線。

21

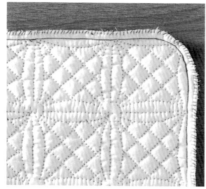

壓線完成後，將前片與安裝了拉鍊的後片正面相對疊合，稍微拉開拉鍊後，車縫四周。縫份則事先以捲邊縫處理。

22

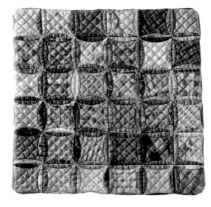

從拉鍊口翻回正面，橘皮抱枕套就完成了。

23

後側圖。準備一個尺寸稍大的枕芯塞入，可以讓成品看起來飽滿又漂亮喔！

前片

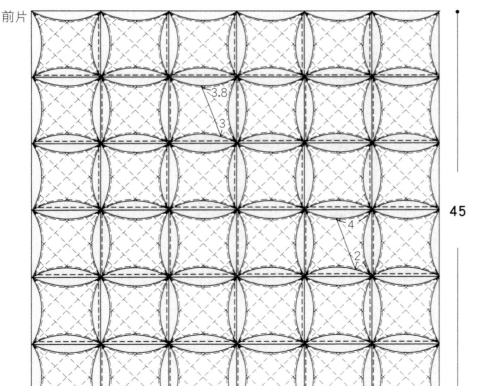

3.8
3
4
2

45

45

後片（一片布）

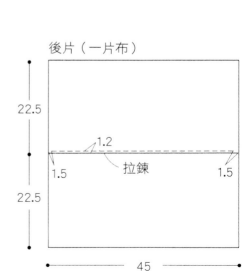

22.5

1.2

拉鍊

1.5   1.5

22.5

45

在一張紙上隨興地切割出
許多不規則的方塊，製成
紙型，再進行拼縫，是一
款運用瘋狂拼布技法的作
品。而究竟是細緻的，或
粗略的切割，一切都隨當
時的心情來決定吧！此
外，安裝拉鍊、縫份的處
理、側幅的製作方式等包
款的相關技法，在此也都
能一併學會喔！

輕鬆自在的瘋狂拼布化妝包　pouch

TECHNIQUE ITEMS　　　1 瘋狂拼布縫法　2 處理附側幅化妝包的裡側　3 拉鍊裝飾的安裝作法

MATERIALS

表布　印花布、格紋布、條紋布各適量
裡布　印花布40×30cm
棉襯　40×30cm
斜紋布條（滾邊用）　3.5×45cm
拉鍊　17cm 1條
蠟線　12 cm 1條
木珠　2顆
玻璃串珠　1顆

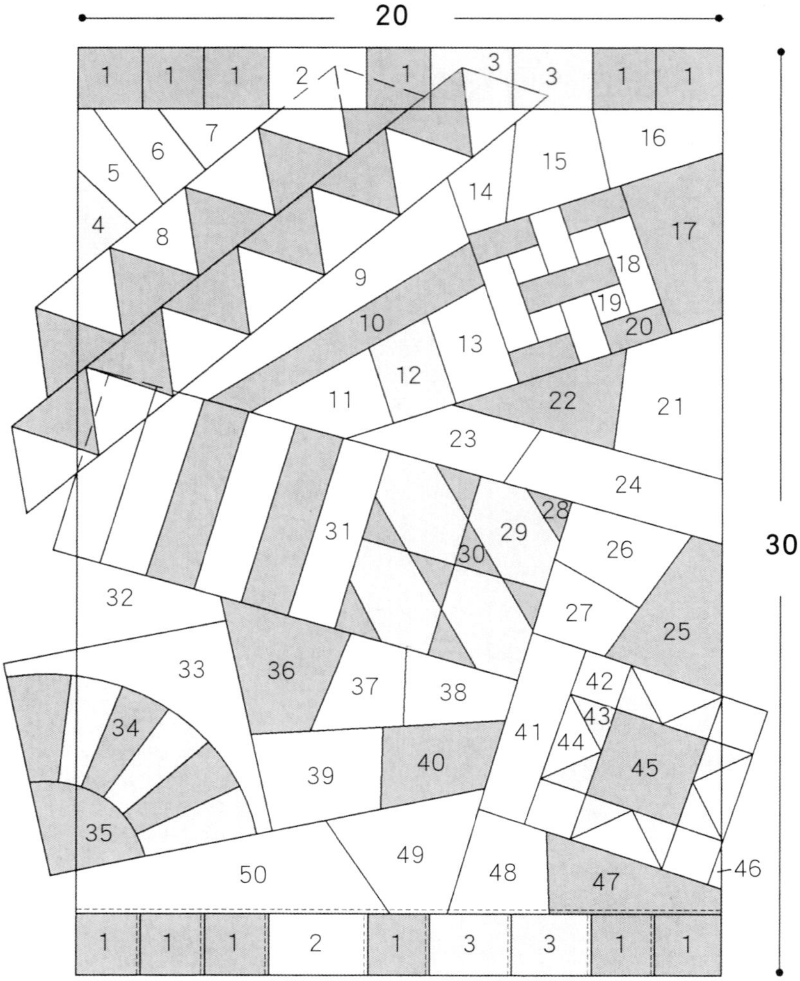

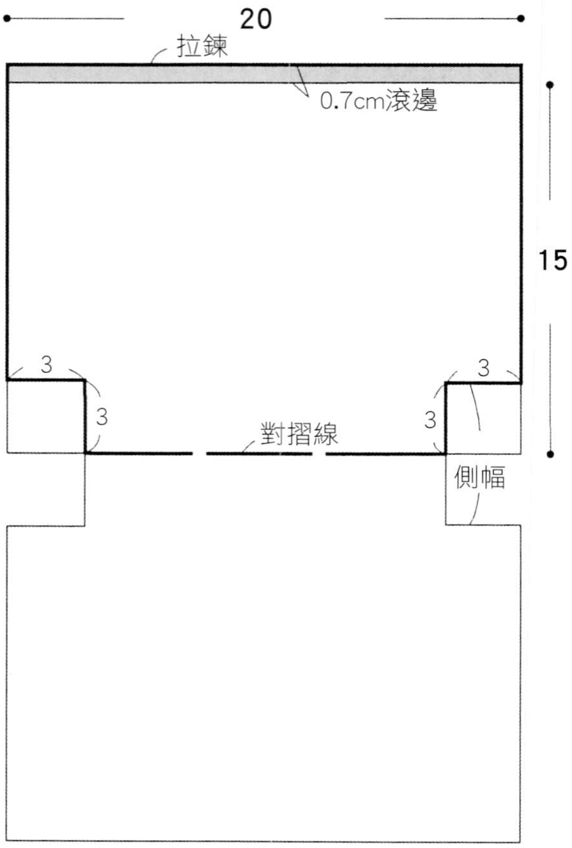

CHECKPOINTS

雖說瘋狂拼布並沒有什麼規則可言，能夠隨心所欲地拼縫，在此仍建議您能依照圖示，將50種小布片拼縫起來。在原寸紙型中
有說明各布片的紙型及壓縫線，敬請參考。側幅寬度則為6cm。

a

裁剪一塊大小適中的不規則五邊形，置於土台布上，以珠針固定。最初裁剪的布片形狀，也將影響成品的形狀，因此請自由隨性地裁布。土台布則選用被單布即可。

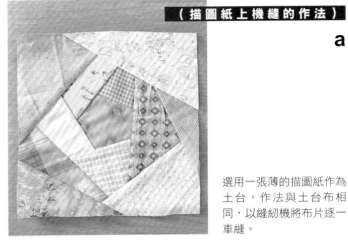

a

選用一張薄的描圖紙作為土台，作法與土台布相同，以縫紉機將布片逐一車縫。

b

布片與不規則五邊形正面相對疊合，車縫一側。

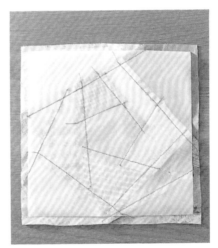

b

背面圖。

c

翻回正面，將布片裁剪成喜歡的大小，而接縫處裁成相同的邊長。

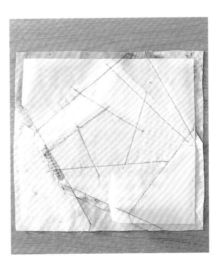

c

沿縫線邊緣來摺疊描圖紙，確實摺出摺線後，沿線漂亮地拆除描圖紙。

d

在縫合完成的兩片布片上再疊上一片布片，以同樣方式縫合後裁剪。在五邊形的各邊皆縫上不同花樣的布片。

1

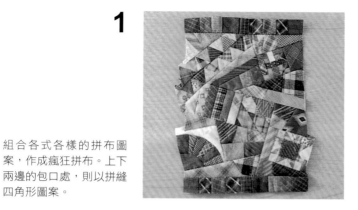

組合各式各樣的拼布圖案，作成瘋狂拼布。上下兩邊的包口處，則以拼縫四角形圖案。

2

背面圖。

3

表布進行壓線，再於包口兩端處理滾邊（參閱P.14至P.16步驟18至25，以及P.18至P.19步驟37至43）。接著，在包口布及拉鍊中心點插上珠針。

4

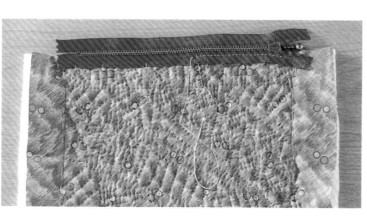

表布正面朝上，將滾邊布疊在拉鍊金屬鍊條的邊緣上，以珠針固定。從背面以全回針縫固定拉鍊，盡量別讓縫線影響到正面外觀。

5

另一側包口處的作法相同。拉鍊的兩邊則以藏針縫固定在裡布上。

6

將拉鍊位置往上移，正面相對疊合，車縫兩側。車縫之前，先將拉鍊稍微拉開。

7

僅留下縫份一側的裡布，其餘縫份皆裁成0.7cm。

8

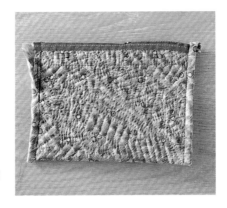

以剩下的裡布包裹縫份，再以藏針縫將裡布固定在縫線邊緣上。

9

抓底，作出側幅。以側幅縫線為中心，車縫一條與縫線呈直角的橫線。側幅縫份則倒向一側。

10

在兩側抓底。

11

處理側幅縫份。準備寬3.5cm的斜紋布條，距布邊0.7cm處對齊側幅縫線後，再車縫一次，固定斜紋布條。側幅留下0.7cm縫份，其餘剪去。

12

斜紋布條包裹縫份，再以藏針縫固定。另一側的作法相同。

13

拉鍊開口兩角的縫份，以3cm的正方形布片包裹處理。

14

翻回正面，安裝拉鍊裝飾。卸下拉鍊原本的拉鍊頭（參閱P.49步驟13），將蠟繩穿過拉鍊頭對摺，再穿入串珠，於末端打結固定。關於串珠，請依喜好選用合適的木珠或玻璃串珠。

15

瘋狂拼布化妝包製作完成。

製作這款作品時，我們將學會充滿傳統風情的「紙襯拼縫」技法。可以採用多種花樣的豐富配色，充分享受質樸的手作樂趣，也可以從花心開始，決定外圍一圈、兩圈的色彩，創造成一座小型花園，也非常可愛喔！另外，在化妝包上作出縫褶，讓它呈現圓滾滾的包型，還能裝入更多的小東西呢！

Lesson 6

六邊形拼布化妝包 pouch

TECHNIQUE ITEMS　　1 紙襯拼縫作法　2 縫製縫褶　3 處理無側幅化妝包的裡側　4 拉鍊吊飾的安裝作法

MATERIALS

表布　印花布、格紋布、條紋布各適量
裡布　格紋布40×30cm
棉襯　40×30cm
斜紋布條（滾邊用）　3.5×54cm
斜紋布條（處理縫份用）　3.5×35cm
拉鍊　22cm 1條
蠟繩　10cm 1條
棉花　少許

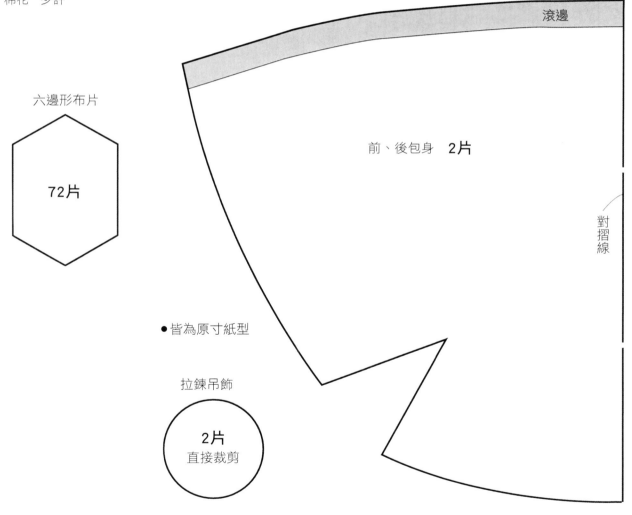

六邊形布片

72片

前、後包身　2片

滾邊

對摺線

● 皆為原寸紙型

拉鍊吊飾

2片
直接裁剪

CHECKPOINTS
準備72片六邊形布片。依P48.步驟 3 各自將36片布片接縫成整片表布，製作兩組，再進行壓線。壓線完成後，將化妝包的紙型
置於背面，以鉛筆描出完成線。

紙襯拼縫的作法

所謂紙襯拼縫法，就是將紙襯置入布片中，再以布片包裹的一種縫製方式，其優點為邊角美觀，作出尺寸正確的布片。此外，利用紙襯拼縫法也能作出三角形、菱形等布片，坊間均有販售紙型。

5

拆下疏縫線，紙襯一一卸除。由於縫份最初僅是以疏縫線暫時固定，時間一久，縫份將會走位變形。

1

將布片裁剪成含0.7cm縫份的大小，再將紙襯置於布片背面，以珠針固定。將打結處穿出正面，一邊摺疊縫份，一邊讓針線確實穿過縫份的摺疊處，如此進行疏縫。

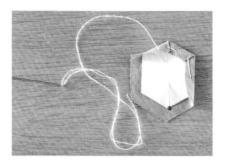

6

拆除紙襯。

2

布片正面相對疊合，以捲邊縫接合起來。打結後，距邊角0.5cm處進行一針捲邊縫後，往回縫一針，與起針的縫線交錯後，繼續縫製。

7

背面圖。將最外圍的縫份往外展開，以熨斗熨壓。

3

所需布片全部接縫起來後，熨壓平整，確實燙出摺線。

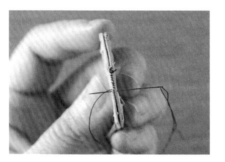

8

在表布進行壓線（參閱P.14至P.16步驟18至25）。以相同作法再製作一片表布。

4

9

包口滾邊處理（參閱P.18、P.19步驟37至43）。包底車縫縫褶，縫份倒向外側，以藏針縫縫製固定。另一側的縫份倒向內側。

背面圖。

10

拉鍊車縫在一片表布上
（參閱P.44的步驟3、
4）。

11

以相同方式，將拉鍊車縫
在另一片表布上。

12

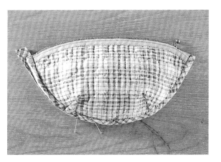

兩片表布正面相對疊合，
車縫包底。以寬3.5cm的
斜紋布條，包裹縫份及兩
端角落後車縫固定，再以
藏針縫處理邊緣。

13

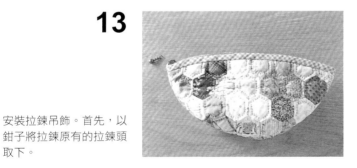

安裝拉鍊吊飾。首先，以
鉗子將拉鍊原有的拉鍊頭
取下。

14

以「YOYO拼縫法」製作
拉鍊吊飾。製作直徑
2.5cm的圓形紙型，再裁
出大小相同的布片，均不
留縫份。

15

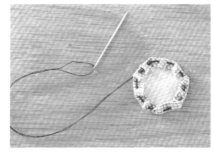

四周一邊往內摺0.5cm，一
邊粗縫。先取2股線，打
一個單結後開始縫製，最
後一針則與始縫處重疊。
以較為粗略的方式來進行
「YOYO拼縫法」。稍微
拉緊縫線，即可縮合開
口，作成漂亮的形狀。

16

塞入少許棉花，拉緊縫
線，將布片開口縮成一半
大小。接著，將蠟繩穿入
拉鍊頭的圓環，末端打結
固定。

17

將塞入棉花的YOYO蓋住
蠟繩，一邊加入棉花，一
邊拉緊縮口，直到蠟繩確
實固定。

18

也以相同方式製作另一片
YOYO。

19

完成！

所謂「embroidery」指的就是「刺繡」，意即在布面上描出喜歡的圖案，利用輪廓繡、回針縫等技巧，繡出圖案的輪廓線。由於這款化妝包還需要另外製作側幅，所以必須以稍微具難度的技巧來製作。側幅布料可以替換成其他不同的花樣，創造出更多令人喜悅的作品喔！

寬幅刺繡化妝包　pouch

TECHNIQUE ITEMS　**1** 刺繡作法　**2** 縫合不同側幅的作法　**3** 拉鍊吊飾安裝作法

MATERIALS

表布
- 印花布、格紋布、條紋布各適量
- 側幅上片　5×25cm　2種
- 側幅下片　8×30cm

裡布　格紋布60×60cm

棉襯　50×30cm

斜紋布條（垂片用）　2.5×5cm　4種

拉鍊頭用布　2.5×6cm

斜紋布條（縫份處理用，與裡布布料相同）　3×100cm

拉鍊　19cm 1條

鈕釦　直徑1.5cm 2顆

25號繡線　5種

化妝包包身原寸紙型

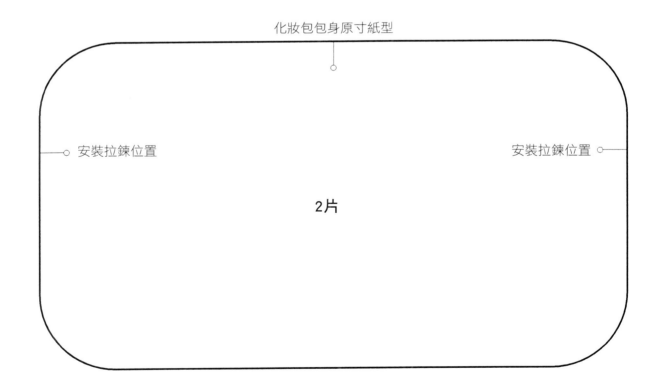

安裝拉鍊位置　　　　　　　　　　　　　　　　　　安裝拉鍊位置

2片

1

將原寸的刺繡圖案描在已縫合的布片上。描繪時，可利用描圖台及2B鉛筆來進行。如果沒有描圖台，就將圖案貼在窗戶上，利用太陽光來協助描繪。

2

圖案描繪完成。

3

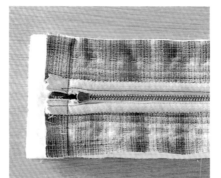

以繡框固定布面，進行刺繡。

4

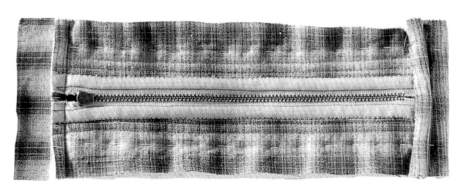

製作側幅。將拉鍊安裝在側幅上片，進行車縫壓線。側幅下片同樣車縫壓線後，與上片對齊，將垂片夾在拉鍊的開口止處，再車縫固定。

5

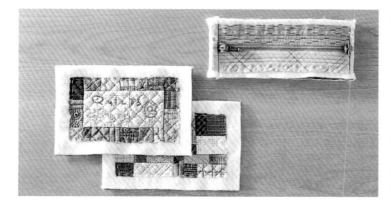

留下一片側幅下片的裡布，預留0.7cm的縫份後裁剪。接著，利用留下的裡布包裹縫份（參閱P.44、P.45步驟7、8）。

6

在表布前、後片上壓線（參閱P.14至P.16步驟18至25）。圖中右上方為側幅成品。

7

側幅車縫於表布前、後片上。由於圓弧部分較難處理，可先作疏縫之後，再進行車縫。側幅的圓弧部分，可預先剪出幾道淺淺的牙口。

8

以斜紋布條包裹縫份。裁剪寬3cm的斜紋布條（參閱P.18步驟37、38），車縫於側幅。

9

包裹縫份後，在包身進行藏針縫。接著拉開拉鍊，將化妝包翻回正面。

10

安裝拉鍊吊飾。先取下拉鍊原有的釦頭（參閱P.49步驟13），製作布環（與P.55的垂片相同），再穿過釦頭圓環。

11

利用兩顆鈕釦夾住垂片固定。

12

寬幅的刺繡化妝包製作完成（前側）。

13

後側。

14

請參考圖中作品風格，設計出各種的拉鍊吊飾吧！

前片

原寸紙型

直線繡
（1股）

落針縫

●英文字進行輪廓繡（2股）

●其他部分皆為回針縫（2股）

後片

●在格紋布上壓線時，可沿著格紋圖案來進行。

側幅作法

側幅上片 ── 20 ── 側幅下片 ── 25.5 ──

2
1
2

垂片　拉鍊　　垂片

垂片（4條）
2.5
5

• 垂片

將寬2.5cm的布條摺成四褶，車縫邊緣固定。以相同方式製作四條。

疊合兩片垂片

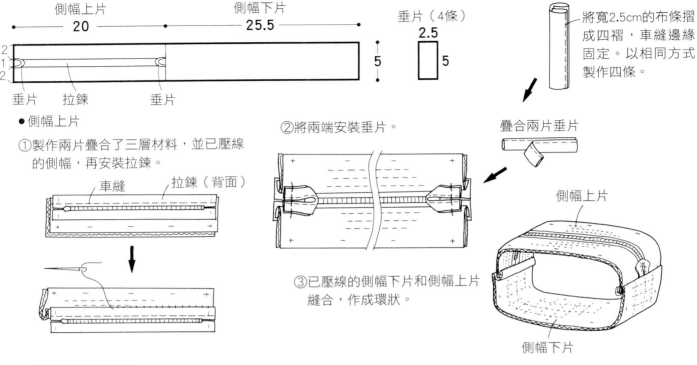

• 側幅上片

①製作兩片疊合了三層材料，並已壓線的側幅，再安裝拉鍊。

車縫　拉鍊（背面）

②將兩端安裝垂片。

③已壓線的側幅下片和側幅上片縫合，作成環狀。

側幅上片

側幅下片

CHECKPOINTS
側幅上片的部分，每隔0.5cm車縫壓線；側幅下片則是進行1.2cm格狀壓線。

繡法

• 直線繡

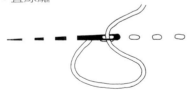

和平針縫的作法相同，依照圖案輪廓線挑縫

• 回針縫

③ ① ②

從①出針，再以①位置為中心點，②入針，再由③出針，從右往左進行回針縫。

• 輪廓繡

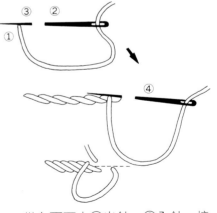
③ ② ①
④

從布面下由①出針，②入針，接著再將由①和②中心（③）出針，如此往回穿縫。再將穿入④位置的針尖穿出與②相同的位置，由左往右持續進行刺繡。

運用彷彿春天一般的淡雅
配色，作成這一款束口
袋。在正方形接合的交點
處，以十字繡作重點強
調，並以兩種顏色的蠟繩
相互勾綁，作成束口繩。
束口繩的打結處亦以布包
裹，是另一個隱藏的重點
喔！

四角圖案的束口袋 purse

TECHNIQUE ITEMS　　1 縫上包口布的作法

MATERIALS

表布
┌ 印花布、格紋布、條紋布各適量
└ 袋底用格紋布料　35×20cm
裡布　格紋布60×40cm
棉襯　60×40cm
斜紋布條（滾邊用）　3.5×65cm
斜紋布條（布環用）　3×12cm　5種
斜紋布條（處理縫份用，與裡布布料相同）2.5×70cm
蠟繩　150cm 2條
木環　10個（內徑0.9cm）
棉花　少許
25號繡線　米色

原寸紙型
拼布布片

192片

布環

10片
（直接裁剪）

束口繩裝飾　2片

車縫壓線　　　　　袋底

對摺線

側幅

4　4　4　4

20

8

30

CHECKPOINTS
首先，準備192片的四角形布片。每12片橫向拼縫成一列，一共拼縫出8列後，再將8列全部接縫起來，製作另一片相同的表布。縫合兩片表布和袋底。重疊表布、棉襯和裡布，進行壓線。完成後，先在背面標註完成線的記號後對摺，兩側進行車縫。以斜紋布條包裹縫份。袋底抓底8cm後車縫，再以斜紋布條包裹縫份。

1

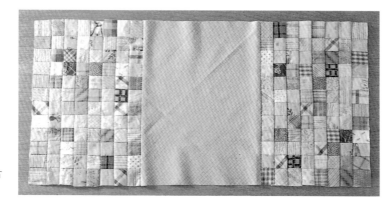

拼縫布片。袋底則以一片
斜紋布接縫。

2

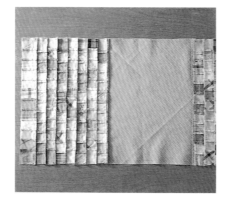

每片布片的縫份交錯倒
向，每列縫份則皆倒向袋
底。

4

在袋底壓線，再於前、後
袋身進行壓線（參閱P.14
至P.16步驟18、28）。
車縫兩側和袋底側幅，再
利用與裡布相同的斜紋布
條滾邊處理（參閱P.49步
驟12）。

3

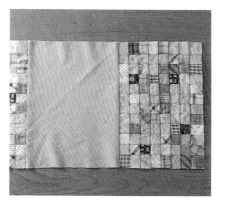

取3股25號繡線，在布片
拼接處進行十字繡。

5

以斜紋布條製作10條布
環（參閱P.16步驟28、
29），穿過木環後，疏
縫固定。

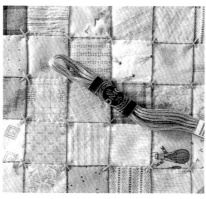

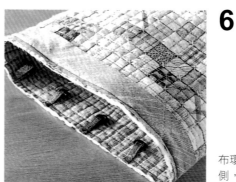

6

布環疏縫固定在袋口的裡
側，滾邊用斜紋布條疊在
表側上車縫固定。

7

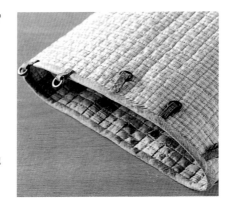

將斜紋布條翻至背面,包裹縫份後以藏針縫固定。翻起布環,車縫固定。

● 縫製側幅

以斜紋布條包裹處理

袋身（背面）

2.5

10

車縫

（背面）

抓底後車縫   0.7   8

包裹縫份後,以藏針縫固定。

8

製作束口繩末端的裝飾。接縫8片三角形布片,再剪去四角,作成圓形。

9

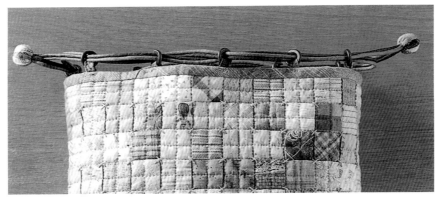

挑縫兩條顏色不同的束口繩,作成一條,再逐一穿入各個布環中。吊飾則以「YOYO拼縫法」來製作,縫至束口繩末端（參閱P.49步驟15至17）。

10

束口袋完成。

Lesson 9

運用由杯子圖案組合而成的好幾種紙型，再以瘋狂拼布技法拼縫，呈現出模拙的質感。不過，車縫束口袋的圓形袋底，會有一點難度喔！另外，在此選用兩種束口繩分別穿入袋口，束口繩末端的橢圓形吊飾也是重點之一，請選擇明亮配色布料吧！

圓底束口袋 purse

TECHNIQUE ITEMS　　**1** 圓形袋底的縫法　**2** 縫上袋口布的作法

MATERIALS

表布
- 印花布、格紋布、條紋布各適量
- 袋底用條紋布　20×20cm

裡布　印花布50×60cm

棉襯　50×60cm

斜紋布條（穿繩布用）　6×50cm、6×60cm

斜紋布條（處理縫份用，與裡布布料相同）　2.5×50cm 2條

束口繩　60cm 2條

拼布塊 1

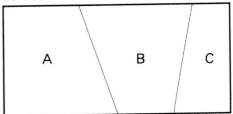

拼布塊 2

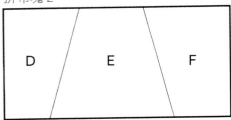

穿繩布（表布2片・裡布2片）

4

—— 20（表布）　21（裡布）——

袋身（2片）

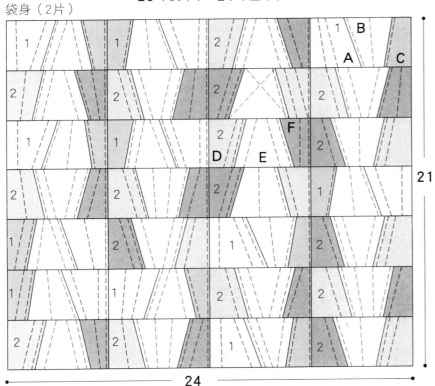

21

24

● 袋口布的縫法

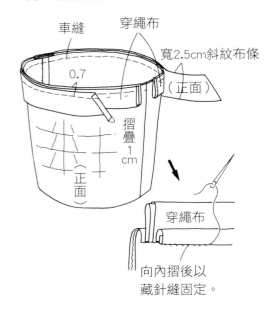

車縫　　穿繩布

寬2.5cm斜紋布條

0.7

（正面）

摺疊 1 cm

（正面）

穿繩布

向內摺後以
藏針縫固定。

CHECKPOINTS
首先，隨意地製作A至C、D至F這兩種紙型，再拼縫布片。製作袋底時，裡布熨燙棉襯，對齊棉襯及表布後，再進行1cm格
狀壓線。袋底及束口繩吊飾的原寸紙型，請見P.63。

1

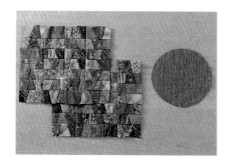

準備兩片已拼縫完成的袋身和一片圓形袋底。

2

必須視布料的顏色或花樣來決定縫份倒向（參閱P.13步驟10）。袋身前片及後片皆進行壓線（參閱P.14至P.16的步驟18至25）。

3

在袋底車縫壓線，車縫兩側，處理縫份（P.44至P.45步驟6至8）。縫合袋底和袋身，以斜紋布條包裹，縫份倒向袋底，以藏針縫固定（參閱P.53步驟8、9）。

4

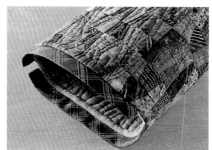

製作穿繩布。準備表布及比表布長1cm的裡布，正面相對疊合後，再將兩端摺疊成相同長度，距邊緣0.5cm處車縫。翻回正面後對摺，兩端會稍微露出一點裡布，成為視覺焦點。

5

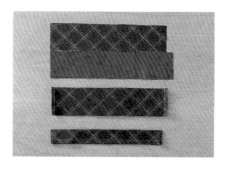

穿繩布疏縫固定在袋口。

6

疊上一片與裡布相同的斜紋布條（寬2.5cm），車縫固定。

7

翻起穿繩布，以斜紋布條包裹縫份，再以藏針縫固定在裡布上。

8

穿繩布縫製完成。

9

製作束口繩吊飾。準備兩片橢圓形布片及棉襯，兩片布片正面相對疊合，再於布片下方疊上棉襯，預留返口後車縫邊緣。車縫完成後，沿車縫線修剪棉襯。

10

一邊縮摺縫份，一邊翻回正面，整理形狀。繩子穿入穿繩布，對齊繩子兩端後縫合固定。

11

將吊飾夾住束口繩,車縫
固定。

12

束口袋製作完成。

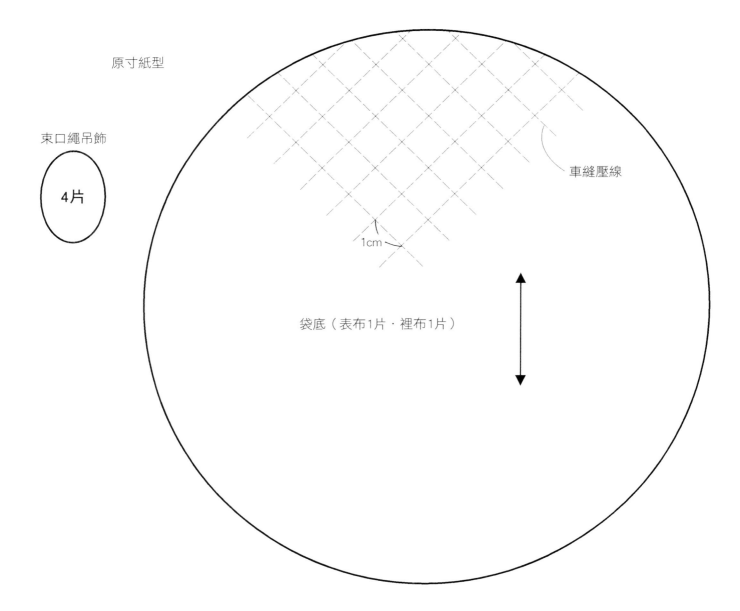

原寸紙型

束口繩吊飾

4片

車縫壓線

1cm

袋底(表布1片・裡布1片)

所謂「string」，就是「繩子、帶子」之意。意即裁剪數種條狀的細長布料，以「隨意而輕鬆地裁剪」的方式重覆進行，所有布條的長度均保持一致。因應不同的提把長度，包款展現出來的氛圍也有所不同，請好好享受這樣的樂趣吧！

細布條拼接手提包　bag

TECHNIQUE ITEMS　　**1** 貼布繡表布的作法　**2** 各種提把作法

MATERIALS

表布
- A　格紋圖案的斜紋布　10×40cm 2片
- B　格紋布、印花布　10×35cm 4片
- C　格紋布、印花布　3×35cm 8片
- D　印花布、格紋布、條紋布各適量
- 包底用條紋布　15×27cm
- 貼布縫用印花布、格紋布、條紋布各適量
- 提把用格紋布、印花布4×32cm 4片、6×32cm 2片

裡布　格紋布45×90cm
棉襯　45×90cm
斜紋布條（處理縫份用，與裡布布料相同）2.5×100cm 2條

拼布塊D拼縫範例

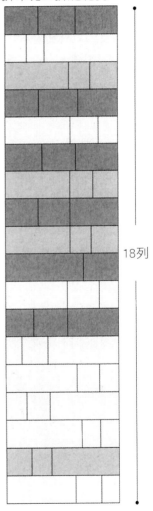

18列

拼布塊D原寸紙型

圖案 1

圖案 2

圖案 3

CHECKPOINTS
可隨意改變拼布塊D圖案 1、2、3 的順序，進行各式各樣的拼縫，再拼縫成18列，一共拼縫成6行。提把有三種作法，請依自己的喜好選擇。貼布繡圖案參照原寸紙型。

1

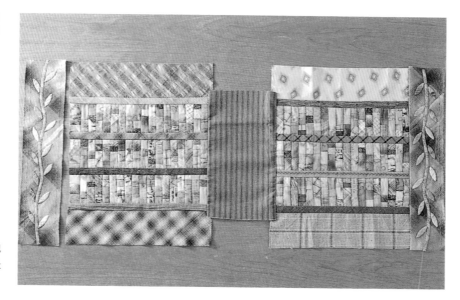

縫合兩片包口布、兩片包身及一片包底，包口布是以貼布繡作成。

2

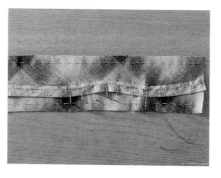

貼布繡作法
以粉土筆在包口布上描繪圖案。首先，製作莖的部分。準備1條寬1.5cm的斜紋布條，距布邊0.5cm處與圖案下端正面相對疊合，以細密的針趾縫製。

3

斜紋布條翻回正面，摺疊整理成0.5cm的寬度，細密的以藏針縫固定。

4

製作葉子。在布料正面標註記號，預留0.3cm的縫份後裁剪。以珠針將葉子固定在縫合位置上，一邊利用針尖將縫份往內摺，一邊以藏針縫縫合固定。

5

以相同作法，逐一縫合葉子。

6

為了使分隔布條及包口布、包底變高，縫份皆倒向一側。

7

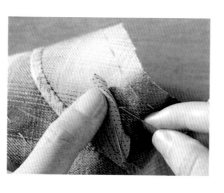

在包底進行車縫壓線，再於兩片包身壓線（參閱P.14至16的步驟18至25）。處理兩側和縫製側幅的縫法，則請參閱P.44、P.45的步驟6至12。

各 種 提 把

提把有許多不同的作法，請依喜好來選擇喜歡的方式吧！
在此介紹三種提把的作法。

8

選用兩種布料作為表布，
在中心處接縫。縫份倒向
深色布料，與裡布正面相
對疊合，疊上棉襯後，車
縫兩側。棉襯要沿著縫線
邊緣裁剪、翻回正面後，
再進行車縫。

9

提把疏縫固定在包口正面
上，再重疊寬2.5cm的斜
紋布條，車縫固定。預留
0.7cm縫份，其餘裁去。

10

翻起提把，以斜紋布條包
裹縫份，以藏針縫縫在裡
布上。

11

完成細布條拼接手提包。

滾邊風格提把

a

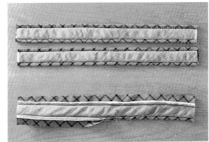

準備比成品寬度更寬的裡
布，以及與成品寬度相同
的棉襯和表布，將棉襯和
表布疊在裡布上車縫，再
以裡布包裹縫份。

b

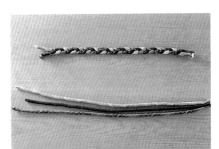

提把裡布若能選用格紋圖
案的斜紋布條，視覺效果
更佳。

麻花編提把

a

製作三條布帶（參閱
P.16、P.17的步驟28至
34），先固定3條布帶末
端，再緊密編織麻花繩。

b

縫合提把的作法，與步驟
9、10相同。

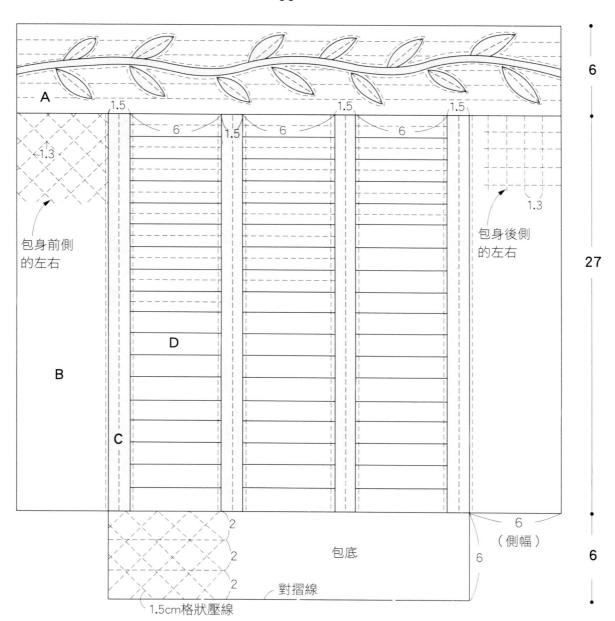

36

6

27

6

A

1.5

6

1.5

1.5

6

1.5

6

←1.3

1.3

包身前側
的左右

包身後側
的左右

B

D

C

6
（側幅）

2

包底

2

6

2

對摺線

1.5cm格狀壓線

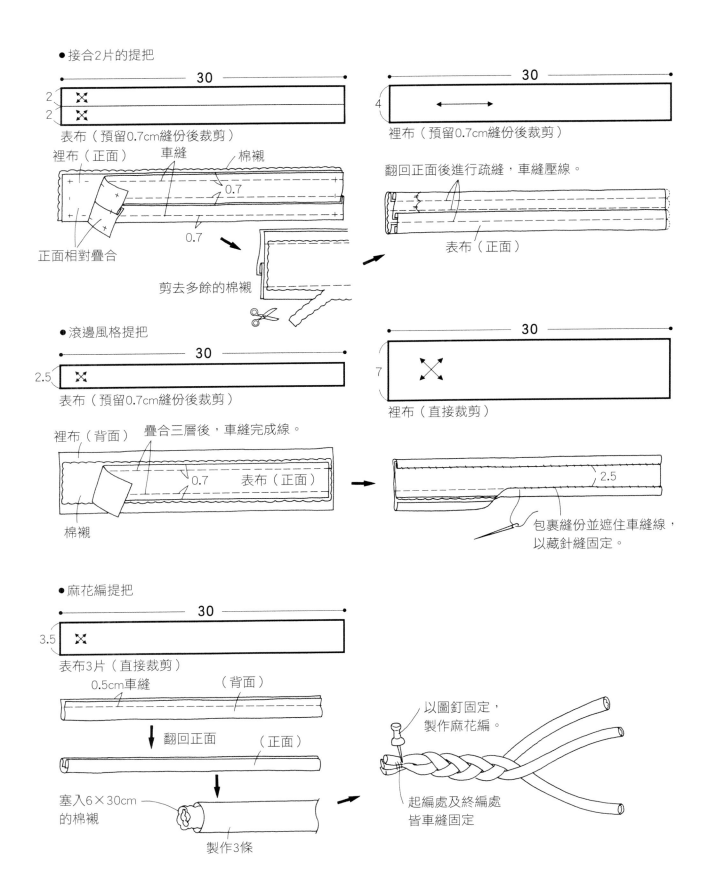

● 接合2片的提把

30

2
2

表布（預留0.7cm縫份後裁剪）

裡布（正面）　車縫　棉襯

0.7

0.7

正面相對疊合

剪去多餘的棉襯

30

4

裡布（預留0.7cm縫份後裁剪）

翻回正面後進行疏縫，車縫壓線。

表布（正面）

● 滾邊風格提把

30

2.5

表布（預留0.7cm縫份後裁剪）

裡布（背面）　疊合三層後，車縫完成線。

0.7　表布（正面）

棉襯

30

7

裡布（直接裁剪）

2.5

包裹縫份並遮住車縫線，
以藏針縫固定。

● 麻花編提把

30

3.5

表布3片（直接裁剪）

0.5cm車縫　（背面）

翻回正面　（正面）

塞入6×30cm
的棉襯

製作3條

以圖釘固定，
製作麻花編。

起編處及終編處
皆車縫固定

Lesson 11

包身前、後側都簡單隨意
地拼縫大小布片，以米色
為基礎色調，清楚地展現
上學包的特色。包口也作
了正面看不出來的滾邊設
計。還有如同皮革包的提
把，在縫製時需要多一點
的技巧喔！

上學包 bag

MATERIALS

表布
┌ 印花布、格紋布、條紋布布片15種
│ 側幅用格紋布　8×39cm 2種
└ 提把用格紋布　7×33cm 2條
裡布　格紋布50×90cm
棉襯　50×90cm
提把用布襯　10×40cm
蠟繩　60cm
斜紋布條（處理縫份用，與裡布布料相同）2.5×120cm 2條、8cm 2條

①製作側幅。

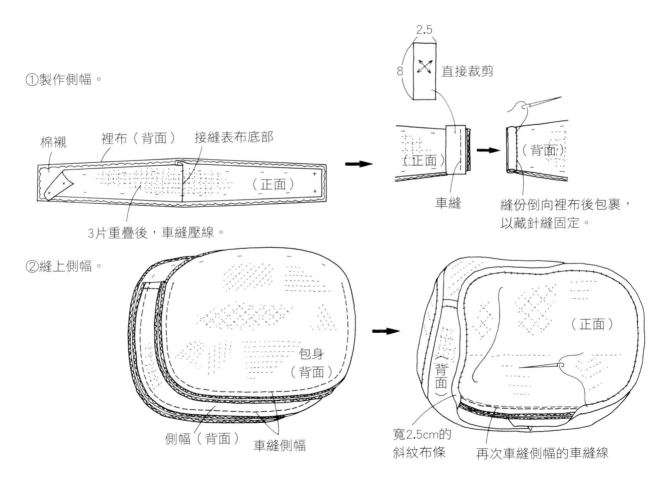

2.5
8　　直接裁剪

棉襯　　裡布（背面）　接縫表布底部

（正面）

（正面）　　車縫　　（背面）

3片重疊後，車縫壓線。　　縫份倒向裡布後包裹，以藏針縫固定。

②縫上側幅。

包身（背面）

（正面）

側幅（背面）　　車縫側幅

（背面）

寬2.5cm的斜紋布條　　再次車縫側幅的車縫線

CHECKPOINTS

為了讓前、後包身更能展現格紋及條紋圖案的動感，請選用斜紋布隨意拼縫吧！包口及側幅的縫份皆以斜紋布條包裹，倒向裡側，再以藏針縫固定。

1

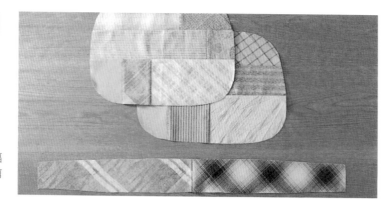

拼縫兩片包身表布，側幅則選用兩種格紋布，裁剪後在中心處拼縫。

2

側幅車縫壓線，前、後包身則以手縫壓線（參閱P.14至P.16的步驟18至25）。車縫前、後包身與側幅，再以相同布料的斜紋布條包裹縫份滾邊（參閱P.53步驟8）。

4

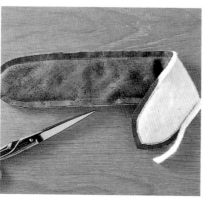

提把翻回正面，以藏針縫縫合返口，車縫裝飾線。提把塞入包裹了提把用棉襯的蠟繩。對摺提把，車縫邊緣，再以快速塞棉器填充棉花的作法，將提把用棉襯穿入提把中（參閱P.17的步驟30、31）。

5

將沒有穿入棉襯的提把末端車縫於包身，於正面的縫線上再車縫固定。

3

製作提把。表布和裡布正面相對疊合，再於下方重疊棉襯，預留返口不縫，其餘皆車縫固定。距車縫線外0.1cm處留下一些棉襯，其餘則全部剪下。

6

完成！

這一款床罩直接拼縫了星星圖案，呈現出星星手牽手一般的流動畫面。製作邊框布條時，要先對齊中央圖型部分，推算出需要的尺寸，讓布條彷彿是波浪般美麗。進行整體配色時，請選用溫暖且柔和的色調喔！

Lesson 12

床罩 bedcover

TECHNIQUE ITEMS　　**1** 大型作品的疏縫作法　**2** 立式壓線架的使用方法

MATERIALS

表布　印花布、格紋布、條紋布各適量
裡布　格紋布180×200cm
棉襯　180×200cm
滾邊用斜紋布條　3.5×740cm

1. 接縫星星圖案

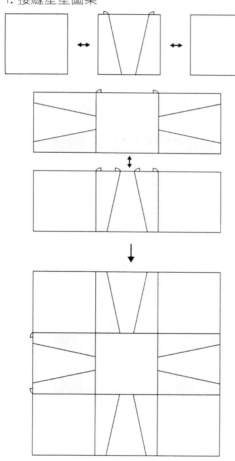

2. 將8片星星圖案橫向拼縫成一列

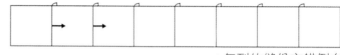

●每列的縫份交錯倒向

3. 縱向接縫9行

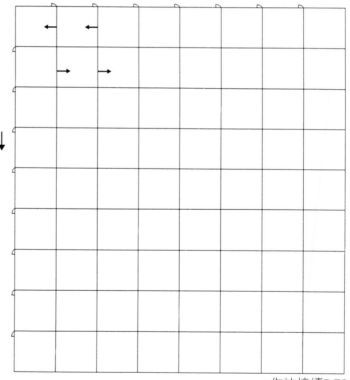

●作法接續P.78

CHECKPOINTS
若裡布寬度不足，可在適當處接縫，縫份則倒向一側。星星圖案刊於原寸紙型。

大型作品的疏縫作法

為2平方公尺左右的大型作品進行壓線，實在不是一件輕鬆的事，在此就為你介紹快速能漂亮完成的作法。建議你在鋪有榻榻米的房間裡進行壓線，因為圖釘可以直接穿刺榻榻米，工作起來會更為便利。

4

疏縫是從中心點開始往外展開，作法與「十字紋鍋墊」相同（參閱P.15的步驟22、23）。一個人處理需要花上半天的時間，若能由兩、三個人一起作會比較快喔！

1

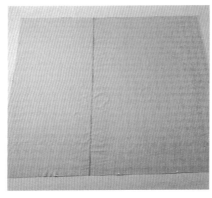

首先，將裡布的背面朝上，整張攤平。從中心點開始往上下、左右平整地鋪展，避免布面產生縐褶，以圖釘固定四個角落。各邊的中心點插入圖釘，圖釘與圖釘之間再插上圖釘⋯⋯如此固定布面。要特別注意的是，布面盡量不要有拉扯或凹陷的情況產生。

5

最後的邊緣外圍的疏縫特別重要，請仔細縫製。

2

在裡布上重疊尺寸相同的棉襯，壓出布料間的空氣，往上下、左右平整地鋪開。取下裡布的大頭圖釘，重新插在棉襯上。

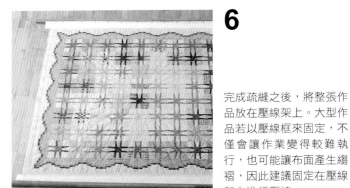

6

完成疏縫之後，將整張作品放在壓線架上。大型作品若以壓線框來固定，不僅會讓作業變得較難執行，也可能讓布面產生縐褶，因此建議固定在壓線架上進行壓線。

3

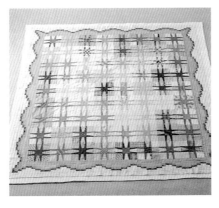

以熨斗熨壓後，再鋪上畫完壓縫線的表布，以同樣的方式鋪開，再以圖釘重新固定。整體作業都在作品上面進行。

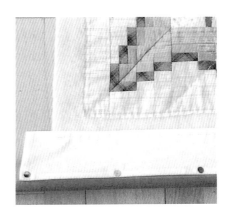

7

準備接縫用的布條置於壓線架上，先以圖釘固定，再將已疏縫完成的作品與布條縫合。

8

將作品捲在壓線架上。兩人同時拉住作品兩端,以布面不鬆弛的程度捲住固定。

9

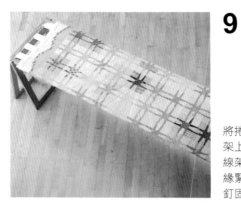

將捲好的作品嵌合在壓線架上。先將布面固定在壓線架兩端,一邊讓作品邊緣緊繃而平整,一邊以圖釘固定。

10

從中心點開始,往外進行壓線。

11

床罩製作完成。詳細作法請參閱P.74、P.77至P.79。

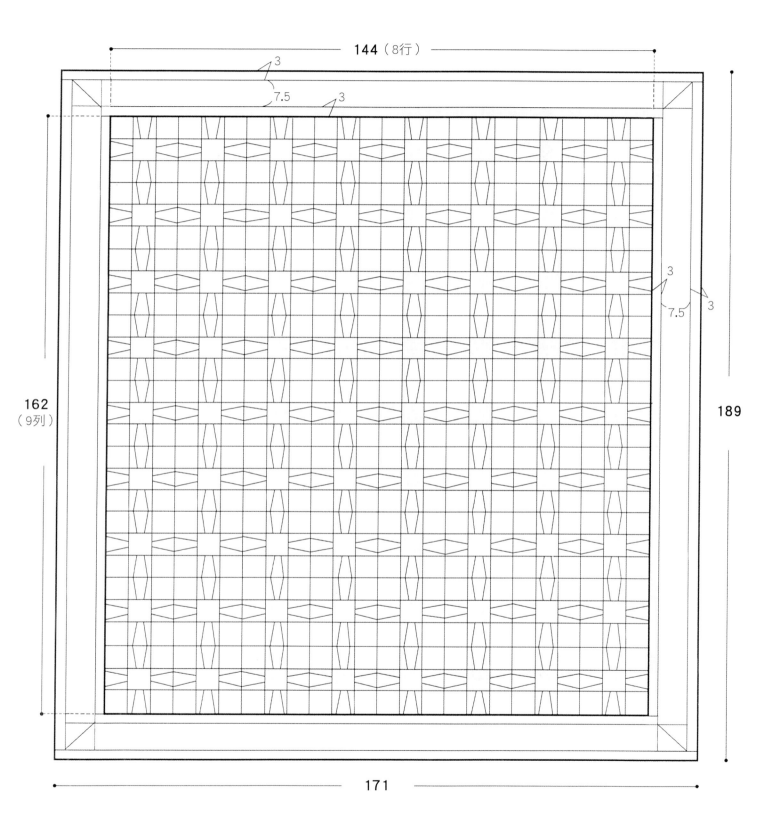

144（8行）

3

7.5

3

3

7.5

3

162
（9列）

189

171

4. 接縫邊框布條

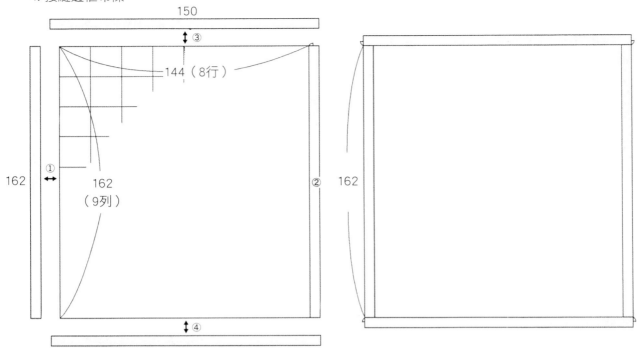

● 邊角處的作法

● 縱向接縫方式

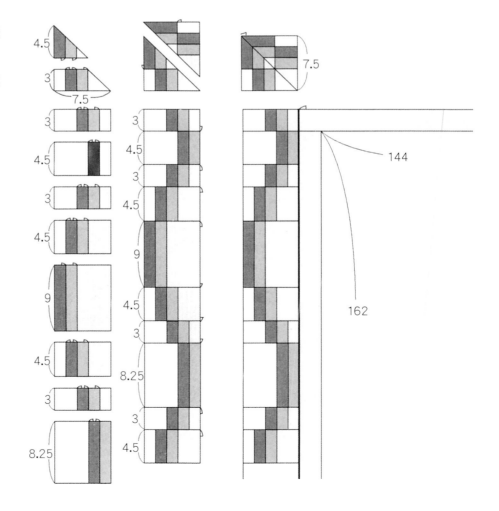

● 橫向接縫方式

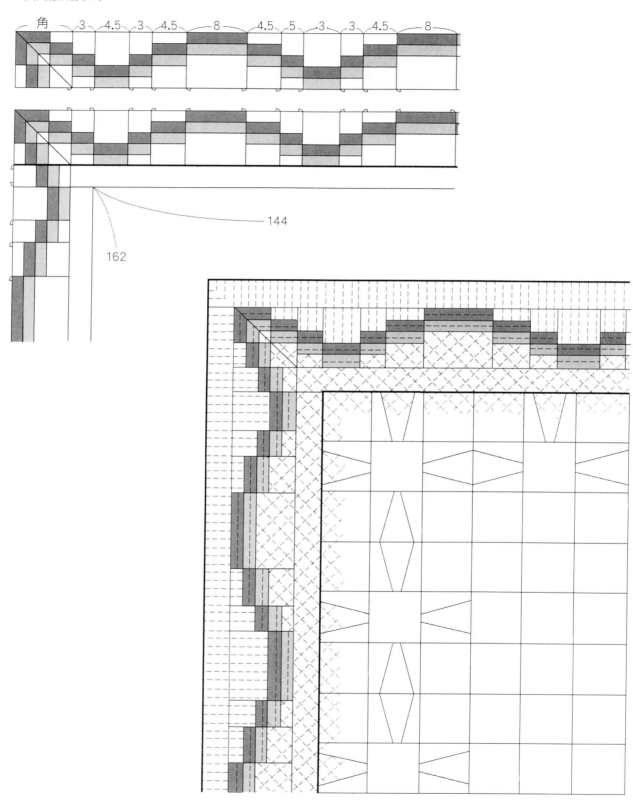

角　3　4.5　3　4.5　8　4.5　5　3　3　4.5　8

144

162

拼 布 必 備 基 礎 知 識

水洗

即使是棉布，所有布料都有以下的特性——會因直紋、橫紋的線材粗細或織面情況等因素，產生不同的伸縮性。因此，在使用前務必先下水洗過。由於拼布是將各種不同的布料拼縫起來，若在完成後才水洗，容易導致變形，因此必須事先經過水洗。如此一來，不僅可以確認布料是否容易褪色，也能洗去新布的殘膠，讓穿針引線更為順利。水洗時，應將深色及淺色布料分開，浸泡在水中兩至三小時，輕輕脫水後吊掛陰乾。在布面半乾的情況下，一邊整理布紋，輕拉布面，之後再以熨斗熨壓。

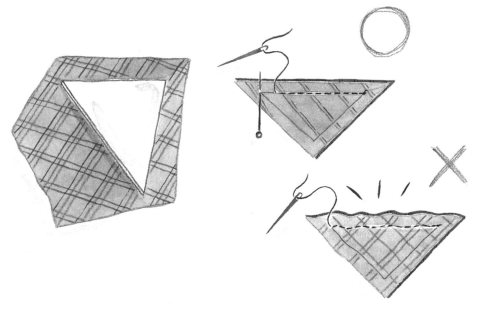

布紋

布紋呈縱向的布料稱為「直紋布」，橫向的稱為「橫紋布」，斜向的則稱為「斜紋布」。在裁剪布料時，若是為了強調紋路或花樣，可以不拘泥於布紋，直接裁剪即可；只是，由於斜紋布條的伸縮性強，在縫合或穿線時都必須特別小心，以免布料伸縮而變形喔！

布料的選擇方法

一般而言，是以平織質地的棉布最容易穿針引線，不過我們也可以不拘泥於布料的材質，好好地利用零碼布或舊衣服喔！今後在收集布料時，建議選用印花布、格紋布或麻紗布最為適合。裡布應選用比表布稍厚的種類，由於柔軟的布料較能展現壓線的陰影，當表布完成時，應選擇和表布最適合的裡布。至於滾邊布，則建議使用材質較緊實的布種。由於手縫作品最容易損壞的地方就在滾邊處，因此請依耐用程度考慮，選擇最堅固的布料吧！若手邊囤積有顏色過白而無法使用的市售布料，建議可利用紅茶染色。先將茶包置入大鍋中，加水煮出顏色後，再放入布料，靜置數小時。若想要染得深一些，就靜置一整天吧！從鍋中取出後，稍微沖洗後再晾乾。將不使用的布料染成淡淡的茶色，就能帶出質樸的氣氛。此外，針對正面圖案過於鮮明而無法使用的布料，也可以翻到背面來看看，有時會意外變成非常特別的樣式呢！如此將背面當作正面來使用，也是經常會用到的技巧喔！

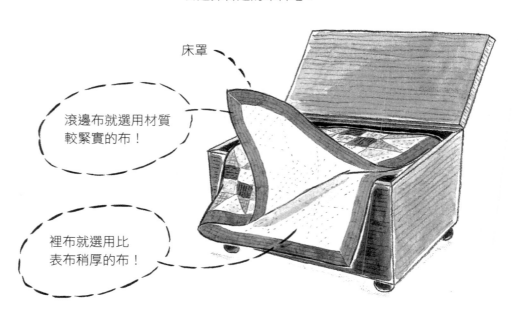

★選擇合適的布料吧！

床罩

滾邊布就選用材質較緊實的布！

裡布就選用比表布稍厚的布！

如果布料顏色太白……

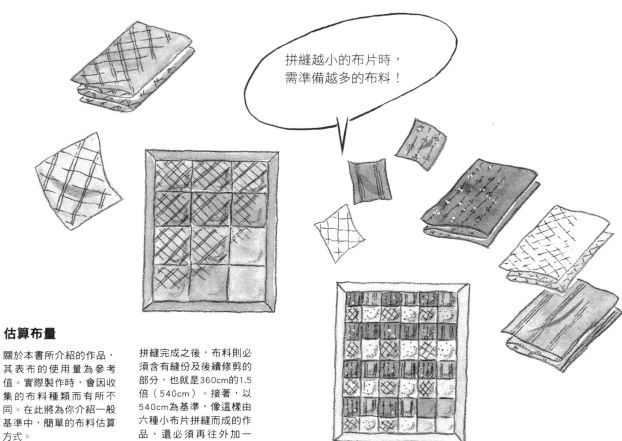

拼縫越小的布片時，
需準備越多的布料！

估算布量

關於本書所介紹的作品，
其表布的使用量為參考
值。實際製作時，會因收
集的布料種類而有所不
同。在此將為你介紹一般
基準中，簡單的布料估算
方式。

以P.74的床罩為例，
其尺寸為寬170cm，長
180cm，以寬110cm的一
種布料來製作時，一般
而言需要作品長度的兩
倍，也就是360cm。而這
款床罩使用的拼布布片為
18cm的正方形，當全部

拼縫完成之後，布料則必
須含有縫份及後續修剪的
部分，也就是360cm的1.5
倍（540cm）。接著，以
540cm為基準，像這樣由
六種小布片拼縫而成的作
品，還必須再往外加一
些多餘的部分，一種布
為90cm×1.8倍=162cm，
全部六種布料合計為
972cm。若是選用更小的
布片來拼縫，由於縫份及
修剪的部分也會變多，因
此請多準備一些備用布料
喔！

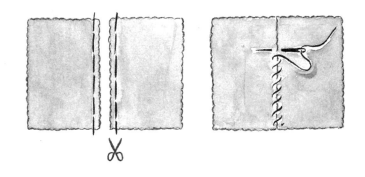

關於棉襯

棉襯的種類繁多，寬度
從90cm到190cm，厚度
從0.4cm（薄）到1.3cm
（厚）都有。請依據表布
的厚度、作品種類，選擇
最適合的棉襯吧！一般而
言，最常使用的是厚度
0.9cm的中厚棉襯。

製作如床罩這類較寬，尺
寸也較大的作品時，就如
左圖來接縫棉襯，作成一
片。

拼布圖形畫法

繪製圖形時，最關鍵的重點在於——確實畫好直角及平行線。若能使用方格紙，不僅更利於製圖，也能協助我們作出正確的作品。

正方形

利用帶有格線的三角板來繪製。

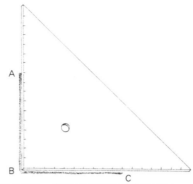

1 利用直角部分，繪製所需直線及橫線的長度。

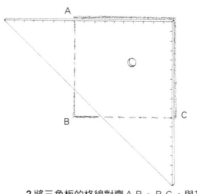

2 將三角板的格線對齊ＡＢ、ＢＣ，與其平行，再繪製剩下的兩邊。

3 確認四個角的角度是否均為90度。

長方形

利用三角板及圓規來繪製。

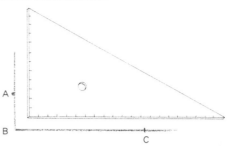

1 以三角板畫出直角，繪製所需直線及橫線的長度。

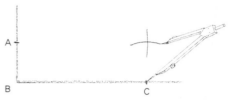

2 利用圓規取出ＡＢ的長度，從Ｃ點往上畫出一段弧線。再以相同方式取ＢＣ的長度，從Ａ點往右畫出另一段弧線。

3 將弧線的交叉點分別與Ａ、Ｃ相連。

正三角形

利用直尺及圓規來繪製。

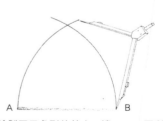

1 先繪製正三角形的其中一邊ＡＢ，再利用圓規取其長度，分別以Ａ、Ｂ兩點為圓心，繪製兩條半圓弧線。

2 將半圓弧線的交叉點分別與Ａ、Ｂ相連。

菱形

這個菱形的對向角分別為60及120度，繪製的作法與正三角形相同。

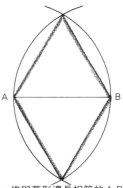

1 先繪製一條與菱形邊長相等的ＡＢ基準線，再利用圓規取其長度，分別以Ａ、Ｂ兩點為圓心，在基準線的上方、下方各繪製兩條半圓弧線。

2 將半圓弧線的交叉點分別與Ａ、Ｂ相連。

等腰梯形

此為梯形的畫法。使用帶有方格線或平行線的直尺來繪製，就能畫出標準的圖形。

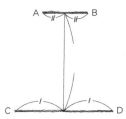

1 先繪製底邊ＣＤ，再於ＣＤ的中點上畫出梯形的高度，再畫一條與ＣＤ平行的ＡＢ。

2 將ＡＣ、ＢＤ相連。

六角形

此為利用圓規來繪製。

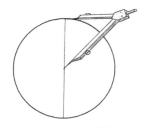

1 利用圓規取六角形的邊長作為半徑，繪製一個圓形，再畫出一條通過圓心的直徑。

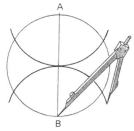

2 取與圓形1相同長度的半徑，以Ａ、Ｂ兩點為圓心，分別畫出圓弧線。

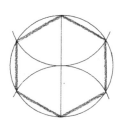

3 將圓弧與圓周的交叉點相連。

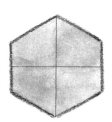

製作紙型

正確的紙型是製作拼布作品最重要的第一步。由於拼布是以紙型為基準裁剪布料，再將其一一拼縫，若是有任何一丁點誤差，在拼接許多布片之後，誤差就會變得越來越大。因此，若想要簡單、迅速又正確地製作，建議你好好利用原寸紙型喔！自行製圖時，也請參閱本書的圖形繪製方式。

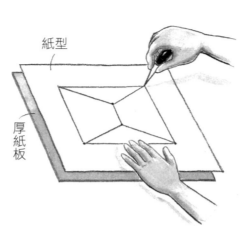

紙型

厚紙板

1 將厚紙板墊在原寸紙型下方，利用錐子尖端或末端尖銳的工具，在必要的接點上戳刺，標註記號。

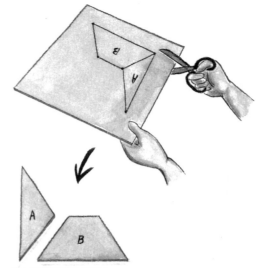

3 以剪刀確實裁剪下來。

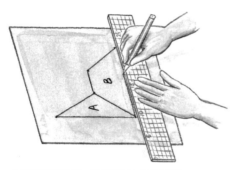

2 畫線連接記號，再於紙型上標註號碼。

貼上圖案的影印稿

厚紙板

手工藝用接著劑

4 帶有圓弧線的圖案則要先影印，利用手工藝用接著劑貼在厚紙板上，再以剪刀或美工刀裁剪下來。

紙型的描繪方式

在布面上繪製紙型時，若能在砂板上進行作業，將能避免布料移動，正確繪製紙型。首先，布料背面朝上放置，以2B鉛筆描繪紙型的邊緣。比起顏色較淺的鉛筆，2B鉛筆的筆芯較為柔軟且容易在布面上繪製，繪製完成後也更容易擦拭乾淨，因此十分方便。如果是顏色較深的布料，可選用白色、黃色等顏色的粉土筆來進行。

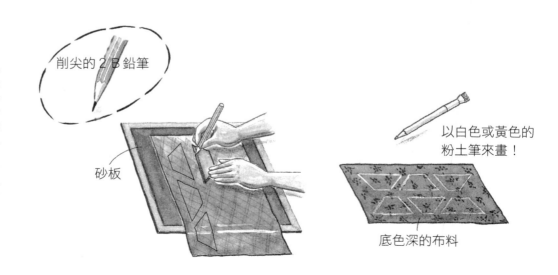

削尖的2B鉛筆

砂板

以白色或黃色的粉土筆來畫！

底色深的布料

關於布料的裁剪方式及縫份

製作正方形、長方形的布片時，要先預留縫份，將整塊布料裁剪成橫向的長條形後，再剪一一裁剪布片。三角形等形狀的布片則如右圖所示，將三角形對向排列繪製，裁剪成長條形後，再逐一裁剪布片，這樣的方式可以避免浪費布料，也能加快作業速度喔！

針對有圓弧的圖案，則建議使用輪刀，完成漂亮的裁剪。縫份留得太多或太少，都會讓作業變得困難。一般而言，若能留出0.7cm的縫份，就能便於裁切，是最適當的縫份寬度。進行滾邊或安裝拉鍊時，也預留0.7cm的縫份。

裁剪布料時要先剪去布邊0.5cm左右再使用。

圓弧處可利用輪刀來裁切，最方便使用了！

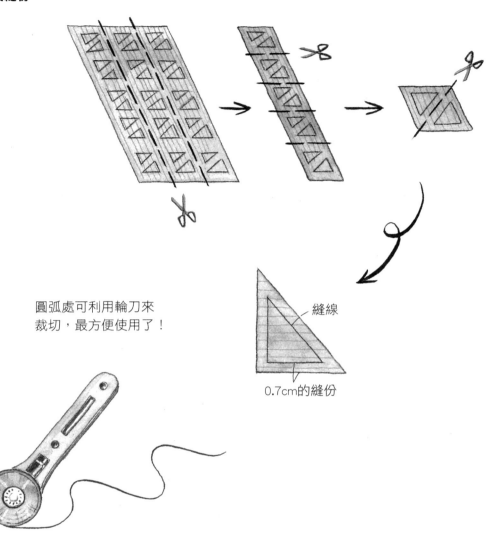

縫線

0.7cm的縫份

關於拼縫布片

關於縫線

如果情況許可，請準備拼縫及壓線專用的兩種縫線。拼縫時，建議選用J.P.Coats的藍色標籤及Molnlycke品牌，壓線則建議選用FUJIX Quilter。而Molnlycke可作為兼用線材，十分方便。至於縫線的顏色，若要進行作品的全面壓線作業，可選擇一種與整體布料色系相合的顏色，最好搭配的首推米色，與任何布料色系都很好搭，是最安全的選擇。分別在各布片進行壓線時，雖然可以全部都使用同一種顏色的縫線，不過若是進行到與布料色系不能相配之處，縫線將會顯得格格不入。因此，若能另外選擇較為吻合的同色系縫線，就能與布料融合，成品也將更為美觀。

關於縫針

請依據不同的用途，準備三種縫針吧！拼縫布片用的，應選用長度3cm以內的細針。壓線時，則應使用比拼布縫針更粗、長度約2.5cm專用針。至於疏縫，則以長度約在4cm以內的種類最為適合。

縫線的穿法及長度

剪線時，應以斜角方式剪斷，讓穿針更容易。關於長度，由於太長的話容易打結，造成作業困難，因此以肩膀寬度（約50cm）為佳。

約肩寬 50cm

基本縫法

最基本的縫法為平針縫。有「端到端」以及「點到點」2種縫法，因應不同的作品而分開運用。

首先，將兩片布片正面相對疊合，接著在兩端的記號上，以與縫線垂直的方向插入珠針固定。若縫製距離較長，可在兩支珠針的中心點再插一針，再於新的中心點插上新的珠針固定。線端打結後，先縫一針，再往回縫一針，如此持續縫製。止縫處也要進行一針回針縫，最後打結固定。

● 從端到端的縫法

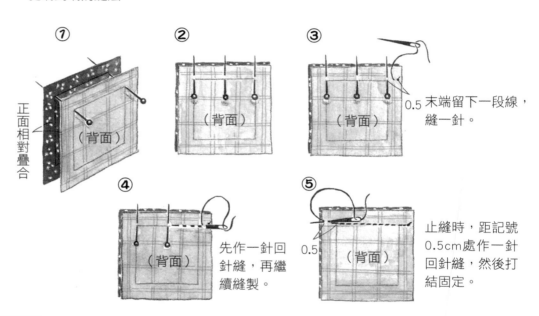

① 正面相對疊合 （背面）

② （背面）

③ 0.5 末端留下一段線，縫一針。

④ （背面） 先作一針回針縫，再繼續縫製。

⑤ 0.5 （背面） 止縫時，距記號0.5cm處作一針回針縫，然後打結固定。

● 點到點的縫法

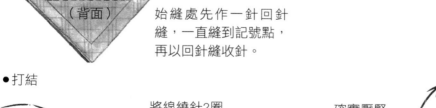

（背面） 始縫處先作一針回針縫，一直縫到記號點，再以回針縫收針。

● 打結

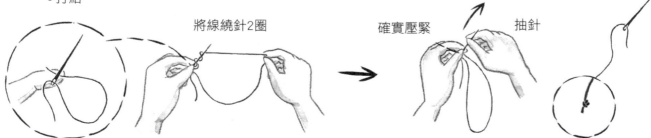

將線繞針2圈　　確實壓緊　　抽針

縫份的倒向

關於縫份的處理，有「往兩邊熨開」及「倒向一側熨壓」兩種方式。不過針對拼縫布片的縫份，是以「倒向一側熨壓」為主。雖然並沒有特別規定要往哪一個方向熨壓較好，但若是拼布塊中間有圖案時，將縫份往圖案方向熨壓，就能增加厚度及立體感，讓圖案更加醒目。若布料沒有特別顯眼的花樣，在熨壓時就以不重疊縫份為考量，讓第一層向左、第二層向右……如此交錯方向進行熨壓。如果縫份倒向一側熨壓，可在縫份外0.1cm處壓一條摺線。

● 縫份外摺線的壓法

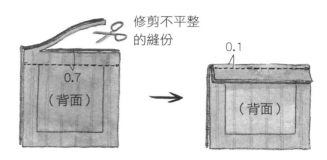

修剪不平整的縫份

0.7（背面）

0.1（背面）

第一層

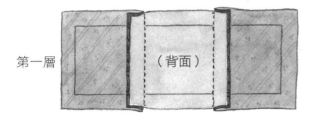

（背面）

第二層

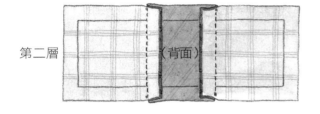

（背面）

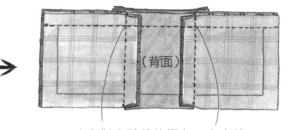

（背面）

確實對齊縫份的摺角，在交接處作一針回針縫。

關於壓線

壓縫線的畫法

表布製作完成後，在壓線以前，先以熨斗熨整布面形狀。接著，將表布置於砂板上，以削尖的2B鉛筆輕輕地繪製壓線的基準線。若基準線畫得太深，容易沾染到縫線，因此萬一不小心畫得太用力，可以用軟橡皮輕輕壓線，使顏色變得較淡。若使用的布料顏色較深，則可以淺色粉土筆來繪製。

疏縫的方式

將裡布裁剪成比表布各邊長6cm的四方形，置於圖釘可戳刺的工作板上，固定布端。接著在裡布上鋪一塊棉襯，以相同方式在邊角插上圖釘。在最上層的中央處鋪上表布，從布邊往下，以圖釘逐一固定。這時，將裡布及棉襯的圖釘卸除。接著取1股疏縫線，穿過疏縫針，打結固定後進行疏縫。疏縫的方向是從中心點往外擴散，以放射線方向持續進行。此時針尖要盡量朝向自己，一邊轉動工作板，一邊進行針趾寬度1.5cm、上下左右相互對稱的疏縫。到了止縫處時，先作一針回針縫，再留下一段線後剪斷。若能利用湯匙來協助進行疏縫，可以更加輕鬆喔！抽針時，先以湯匙底部壓住布面，將針靠緊湯匙邊緣再抽出。可選用嬰兒奶粉的計量湯匙，由於它具有可彎的彈性，因此最適合用來協助壓線。

關於壓線

原則上，壓線作業可不考慮作品的大小，全部都以手縫來進行。由於壓線是左右成果的重要關鍵，以手縫方式來進行的話，更能展現作品的溫柔質感。不過，也有些作品更適合使用縫紉機來進行壓線。像是包包這類特別強調外形及耐用度的作品，若能利用機縫壓線更好。本書中，在進行化妝包、束口袋、手提包的縫合，或製作包包的側幅時，都是利用縫紉機來壓線。

而關於車縫針，應依據作品布料厚度更換為合適的針，車縫線則要考量表布的色系，選用不醒目的線材為宜。搭配的種類首推米色，是最安全的選擇。在車縫壓線前，應先以疏縫線將縫合處確實固定，再進行壓線。而縫紉機則應選用可車縫厚布的專業級機種，最為適合。

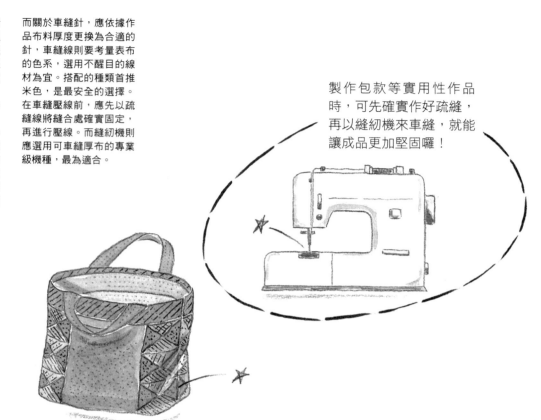

製作包款等實用性作品時，可先確實作好疏縫，再以縫紉機來車縫，就能讓成品更加堅固囉！

當針尖頂住頂針指套時，應往上出針，當針尖露出後，就立即往下穿刺。如此重複進行。

壓線方式

壓線時，應從表布的中心點往外側擴散進行。取1股壓線專用線材，以左手的頂針指套往上頂住布面，針與指套垂直，向下戳刺，如此進行壓線。起針前先將線打結，然後將打結處拉入棉襯中，作一針回針縫後，再繼續往下縫製。收針時也作一針回針縫，先將線穿入棉襯纏繞幾圈後，再從表布穿出後剪斷。針趾盡量處理得細密一些，以1cm內有3個左右的針趾為目標，如此進行壓線作業。一開始進行時，可先一次縫合3、4針，再將針抽出，習慣之後，可試著將針趾增加為5、6針，如此重複進行。

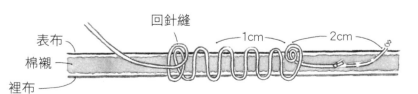

回針縫

表布
棉襯
裡布

1cm   2cm

到了止縫處，先將線穿入棉襯纏繞幾圈後，再從表布穿出。

將打結處拉入棉襯中，作一針回針縫後，繼續往下縫製。

小拼布作品的處理方式

如P.10的鍋墊或是P.41、46的化妝包，這類無法以壓線框固定的作品，可以利用文鎮加壓協助壓線。本書所介紹的文鎮外形雖小，不過頗具重量，約1.5kg重。即使製作的是大型作品，在無法用壓線框固定的部分，文鎮也是非常重要的好幫手唷！

有了文鎮施壓，能讓布片緊繃而平整，即可利用左手將布面往上推，進行壓線。此外，縫製滾邊布時也是一樣，可以展現與日式縫紉絎台相同的效果，如P.18進行麻花編的製作時，也十分好用呢！

參考尺寸

啊！
有點太小了！

關於拼布作品的完成尺寸

關於拼布作品的完成尺寸，即使是尺寸相同的作品，也會因為製作的人而有所差異。影響的原因有很多，例如：描繪紙型或製圖的鉛筆筆芯粗細不同，或是在進行拼縫時，其縫線位置是在記號線上、內側或外側，也都會有影響。此外，在壓線時的出針、拉線鬆緊度也會因人而異。本書中所標示的完成尺寸都是製圖上的尺寸，因此實際上還是有比完成尺寸較小的傾向。即使作品無法完全與完成尺寸吻合，也不要太在意喔！

關於處理滾邊

關於處理拼布邊緣，滾邊是最一般的作法，由於過程十分簡單，因此建議使用。由於寬0.7cm的滾邊能創造最佳平衡感，因此全書統一以這個寬度來裁切滾邊布。由於滾邊有時會遇到圓弧部分，為了避免邊緣有格格不入的感覺，請務必準備斜紋布條。使用的布料可以不只一種，若能隨意地接合多種布料，將能創造出瘋狂拼布風格的滾邊，也十分有趣呢！

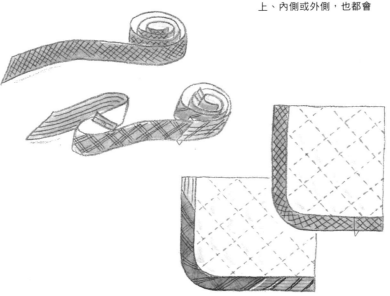

斜紋布條的估算及裁剪方式

製作斜紋布條時，先畫出一個等腰直角三角形，其斜邊長約為兩邊長的1.4倍。意即寬度100cm的布料可作成長度140cm的布條，寬度50cm的布料可作成長度70cm的布條，寬度30cm的布料可作成長度42cm的布條……以此方式計算斜邊長度。裁切時，應事先估算所需要的布條數量，再開始製作。

以寬0.7cm的布條為例，先將布面以45度角摺疊、熨壓，作出摺線。再以摺線為基準，逐一標註「完成寬度×5倍＝3.5cm」的寬度，再加上0.7cm的縫份。裁切線和縫線所使用的顏色若有不同，在製作布條時也將更好理解。若布條長度不足，就如下方圖片所示，將斜紋布條末端斜放，正面相對疊合之後，距邊緣0.7cm處縫合。縫製時，應以細密的回針縫進行，再熨開縫份即可。

● 標註所需的尺寸

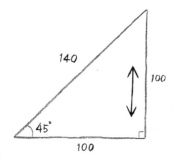

● 製作斜紋布條

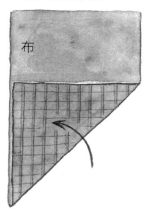

①摺疊布料，作出摺線。

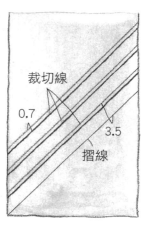
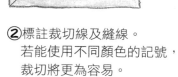

②標註裁切線及縫線。
若能使用不同顏色的記號，
裁切將更為容易。

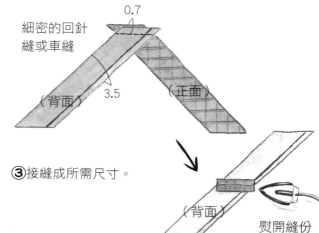

細密的回針縫或車縫

③接縫成所需尺寸。

熨開縫份

關於滾邊

關於縫上滾邊的作法，若是製作像P.18的鍋墊這類圓角作品，可以讓滾邊布緊貼作品邊緣縫合；若是方正的四角形作品，轉角處必須另作滾邊處理。將滾邊布與作品的正面相對疊合，對齊縫線及完成線後，以珠針固定。利用全回針縫縫至邊角後，再將邊角摺成直角，以珠針將下一邊固定起來。接著，往回縫一針，摺出三角形後，將針穿入已縫製固定的一側，再從另一側穿出。從一開始，皆進行全回針縫。縫製完成後，再剪去多餘的縫份。將斜紋布條內摺兩次，蓋住背面針趾的邊緣，再將正面及背面的轉角整理成三角形，以藏針縫固定完成。

拼布作品的日常保養

若想將完成的拼布作品掛在牆面等處,可在作品背面縫合襯布,穿入伸縮桿來吊掛。如此一來,整體作品的重量可被平均分散,也能減少作品的損傷。當作品沾染灰塵時,可利用一般服飾的除塵刷等工具來清理。此外,請避免將作品長期放置在陽光直射的地方,否則會導致褪色喔!

● 伸縮桿垂片的作法

尺寸
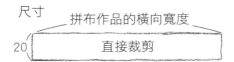
拼布作品的橫向寬度
20　直接裁剪

★ 選用的布料盡量與裡布相同,如此一來,即使途中需接縫布料也無所謂。

① 將兩端內摺兩次,車縫固定。

車縫　1　（正面）　1

② 背面相對對摺,車縫成筒狀。

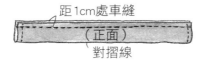
距1cm處車縫
（正面）
對摺線

③ 熨開縫份。

④ 將有縫份的一側與裡布重疊,以藏針縫固定。

★ 先對齊伸縮桿垂片與拼布作品的中心點,再開始縫合。

藏針縫

拼布作品的滾邊

拼布作品的裡布

（正面）

伸縮桿垂片的開口處,也要事先進行縫合。

★ 伸縮桿垂片的放置處,就在緊靠滾邊布下方。
左右兩端都僅內摺兩次,較拼布作品的寬度短。

保存拼布作品

保存拼布作品時,應在確實摺疊,再將布料捲起收藏。千萬別在作品上壓重物,偶爾也要取出吊掛陰乾。

洗滌拼布作品

雖然拼布作品並不需要頻繁洗滌,若有嚴重的髒汙,可以只揉搓清洗髒處,或以與清潔毛衣相同的要領來洗滌亦可。先在浴缸裡放一些冷水或溫水,然後將拼布作品摺疊後,壓入水中清洗。以相同方式沖水之後,充分壓出水分,再披掛在浴缸上讓水分滴乾,然後吊掛陰乾。由於布料含水之後會變得很重,因此可以準備兩、三根曬衣桿。

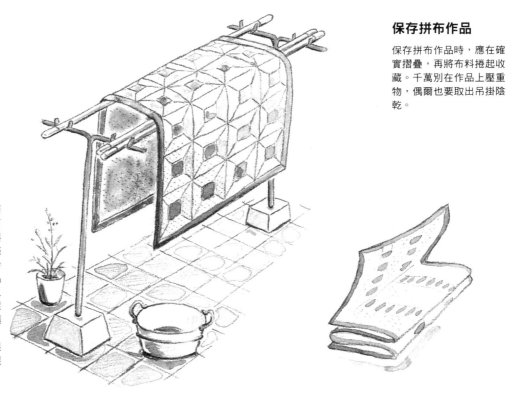

拼 布 用 語

落針縫
是一種讓縫線邊緣呈現在正面的壓線法,能讓布片產生立體感,變得更為醒目。

全面進行壓線
不考慮圖案本身,在整體作品上全面進行格紋或斜紋的壓線。

回針縫
是一種為了讓針趾更堅固的縫法,每縫一針之後,都會往前一個針趾穿回,再一邊往前縫製。分為「全回針縫」及「半回針縫」兩種。

處理邊角
將作品的邊角進行作邊框處理的方法。

拉鍊固定法
拉鍊開口防止綻線的方法。可成為需要施力處的補強。

縫份外摺線
將縫份倒向一側熨壓時,不依縫線摺疊,而是留出一點空隙再摺疊。此稱為縫份外摺線。

壓線
在兩片布之間夾入墊料,為了避免材料走位而以手縫來固定的一種方法。過去都利用羽毛或棉花作為墊料,現在一般則都是以棉襯取代。

壓縫線
為壓線的參考線。當拼縫表布完成後,利用 2 B 鉛筆或粉土筆繪製的參考線。

棉襯
一般市面上販售的,都是裁剪成寬度90cm的聚酯纖維棉襯,也有190×250cm大小,可用於床罩等大型作品的棉襯,由於不需要剝除棉花即可直接使用,十分推薦使用。此外,最近也有100%純棉的棉襯。

拼縫表布
即表布。在此指經過拼縫布片或貼布繡的表布。

印花棉布
由於通稱為calico,指的是薄質的平織棉布。

麻紗布
比印花棉布稍薄的平織棉布,其柔軟的觸感為一大特色。

條紋或格紋棉布
條紋、格紋圖案的先染平織棉布。

瘋狂拼布
以不固定形狀的布片為素材,自由地進行拼接的拼縫法。

疏縫
在拼布作業中,是在壓線之前將三層材料暫時固定,以避免走位的方法。

細布條
裁剪成細長條狀的布料。用於小木屋圖案的拼縫。

直接裁剪
不留縫份,直接裁剪。

土台布
在進行圖案配色時,能夠襯托圖案設計的布料。也稱為「底布」。

提把用棉襯
用於提把等部位,背面可見棉線織紋,即使經過拉扯也不易斷裂。

九宮格拼縫
是拼布的基本圖案之一,以九宮格拼縫為基礎,可以作出許多不同的變化。

滾邊
使用斜紋布條包裹布邊,使其不綻線的處理方法。

拼布圖案
拼縫布片而成的花樣。

拼布布片
構成拼縫布片花樣的單一布片。

拼縫布片
將各式各樣的布片接縫起來的拼布技巧。

拼布塊
拼接相同的小型素材,形成一個塊狀。

壓線前作法
將裡布、棉襯及帶有壓縫線的表布三層疊合後,進行疏縫固定。

紙襯拼縫法
使用有如馬賽克拼接而成的圖案,先以布片包裹紙片後進行疏縫,再以捲邊縫接合。此方法能作出漂亮的布片角度。

星止縫
為了不讓針目出現在作品正面,而以回針縫固定的方法。

邊框布條
製作拼布作品的中間部分後,配置在作品邊緣的布條。亦可利用細小布帶拼接,也是另一種拼布的樂趣。

捲邊縫
避免布邊綻線的一種手縫法。在本書中,捲邊縫指的是將兩片布緊貼接合時,以捲邊的方式縫製。

車縫壓線
利用縫紉機進行壓線,針對手提包底部等需要確實縫製固定的部分使用。

主題花樣
接合數片圖案而構成的各個主題單位。

YOYO拼縫法
利用YOYO為發想靈感的圖案,先將布裁切成圓形,再將外圍縮縫完成。

分隔布條
在圖案與圖案之間加入接縫的條狀布料。加入分隔布條後,可以逐一將圖案襯托得更為鮮明。

檸檬星圖案
運用基本8片菱形小布片拼縫而成的星星圖案。也有將菱形更細緻地分割,再拼縫而成的「伯利恆之星」。

小木屋圖案
以小木屋的意義延伸,指的是利用條狀布條組合成的小木屋圖案。

INDEX 索引

拼布美學 PATCHWORK 04

從基礎學起！斉藤謠子の不藏私拼布課

13堂拼布基本功＆拼布人一定要學的拼布小物

作　　　者／斉藤謠子
作法審定／劉亦茜
譯　　　者／黃立萍
發 行 人／詹慶和
總 編 輯／蔡麗玲
編　　　輯／蔡竺玲・林昱彤・黃薇之・程蘭婷・蔡毓玲
執行美編／王婷婷
美術編輯／陳麗娜・王婷婷
內頁排版／造極
出 版 者／雅書堂文化
發 行 者／雅書堂文化事業有限公司
郵政劃撥帳號／18225950
戶　　　名／雅書堂文化事業有限公司
地　　　址／新北市板橋區板新路206號3樓
電　　　話／（02）8952-4078
傳　　　真／（02）8952-4084
網　　　址／www.elegantbooks.com.tw
電子郵件／elegant.books@msa.hinet.net
2011年9月初版一刷　定價 450 元

SAITOYOKO NO KISO KARA MANABU PATCHWORK-KYOSHITSU Copyright ©
Yoko Saito 1996
All rights reserved.
Original Japanese edition published in Japan by EDUCATIONAL FOUNDATION
BUNKA GAKUEN BUNKA PUBLISHING BUREAU
Chinese (in complex character) translation rights arranged with EDUCATIONAL
FOUNDATION BUNKA GAKUEN BUNKA PUBLISHING BUREAU
through KEIO CULTURAL ENTERPRISE CO., LTD.

總經銷／朝日文化事業有限公司
進退貨地址／新北市中和區橋安街15巷1號7樓
電話／（02）2249-7714　　傳真／（02）2249-8715

星馬地區總代理：諾文文化事業私人有限公司
新加坡／Novum Organum Publishing House (Pte) Ltd.
20 Old Toh Tuck Road, Singapore 597655.
TEL：65-6462-6141　　FAX：65-6469-4043
馬來西亞／Novum Organum Publishing House (M) Sdn. Bhd.
No. 8, Jalan 7/118B, Desa Tun Razak, 56000 Kuala Lumpur, Malaysia
TEL：603-9179-6333　　FAX：603-9179-6060

國家圖書館出版品預行編目資料

從基礎學起！斉藤謠子的不藏私拼布課／斉藤謠子著；黃立萍譯.
－ 初版 . -- 新北市：雅書堂文化，2011.09
　面；　公分 . -- (Patchwork・拼布美學；4)
ISBN 978-986-302-011-0(平裝)
1. 拼布藝術　2. 手工藝
426.7　　　　　　　　　　　　　　　　　　　　100016708

斉藤謠子（Saito Yoko）

師事野原チャック，目前擔任許多手作教室的講師工作，以獨特深色系的配色見長，作品散見於雜誌、電視節目。現為千葉縣市川市「Quilt Party」（裁縫學校兼購物商場）負責人，亦身兼ＮＨＫ文化中心講師、日本Vogue學園講師、朝日文化中心講師、Needlework日本展會員等職務。
著作為數眾多，包含《斉藤謠子的鄉村拼布》、《最喜歡印花棉布了》、《更自由一些！試著創造圖案吧》（文化出版局）、《新拼布手作一年級生》、《斉藤謠子的拼布小品集》、《戳、戳、戳！好好玩的羊毛氈》（日本 Vogue）等。

裝訂・版面設計／若山嘉代子　竹內純子　L'espoce
攝影／渡邊 剛　竹內泰久（文化出版局）（P.9）
數位描繪／佐藤由美子（しかのるーむ）
剪裁／佐藤由美子（しかのるーむ）
作品製作協力／加藤禮子　船本里美　有原美惠子　松元和子
編輯／平井典枝（文化出版局）
發行人／大沼 淳